园林建筑与景观设计

肖国栋 刘婷 王翠 主编

吉林美术出版社 | 全国百佳图书出版单位

图书在版编目（CIP）数据

园林建筑与景观设计 / 肖国栋，刘婷，王翠主编
. -- 长春：吉林美术出版社，2018.8
　　ISBN 978-7-5575-4281-8

　　Ⅰ．①园… Ⅱ．①肖… ②刘… ③王… Ⅲ．①园林建
筑—景观设计 Ⅳ．①TU986.4

中国版本图书馆CIP数据核字(2018)第200225号

园林建筑与景观设计
Yuanlin Jianzhu Yu Jingguan Sheji

作　　者	肖国栋　刘　婷　王　翠
责任编辑	于丽梅
装帧设计	瑞天书刊
开　　本	889mm×1194mm　　1/16
字　　数	300千字
印　　张	20
印　　数	1—1000册
版　　次	2018年8月第1版
印　　次	2018年8月第1次印刷
出版发行	吉林美术出版社
地　　址	长春市人民大街4646号
网　　址	www.jlmspress.com
印　　刷	廊坊市海涛印刷有限公司

ISBN 978-7-5575-4281-8　　　定价：65.00 元

园林建筑与景观设计

编委会成员

主　编：肖国栋　刘　婷　王　翠

副主编：陈　强

前　言

中国是公认的"世界园林之母"，风景园林文化是中华文化的重要组成部分。风景园林文化和科技源远流长，在几千年的发展过程中不仅为人类社会做出了杰出贡献，所提出的"天人合一"、"人与自然和谐共生"等理念至今仍为世界所推崇和追求。在现代化建设过程中，我们更应该突出中国特色，广大中华国粹，继往开来，与时俱进，将现代科技与优秀文化有机结合，为促进人与自然的和谐发展、为世界科学和文化建设作出更大贡献。

园林是人们利用生物和非生物因素的相互设计，依据科学原理和社会需求而创造的生活和游憩的空间环境。园林设计就是正确、合理的利用土地、水体、建筑、植物等自然因素，创造各种能引起人们喜悦和爱慕之情的生活境域，即创造各种优美的园林景观环境。园林设计也可称为园林景观设计。

园林景观设计，就是效法自然，人为的创造高于自然的园林美景。造景手法主要有：主景与配景，前景、中景与背景，借景，对景与障景、隔景，框景、漏景、夹景与添景，点景等，组景方法十分丰富。

园林设计应力求达到"有理无格，相地合宜，构园得体"的效果。在学习和掌握园林艺术理论的基础上，一定要遵循"实用、经济、美观"的原则，因地制宜，尽可能做到：主题表现，利用主景；功能分区，巧于组景；建筑布局，随地作形；园路安排，因形随势；地形改造，因高就低；植物选配，适地适树。做好上述工作，就能设计出"虽由人作，宛自天开"的，为人们喜闻乐见的园林工程。

景观工程远远不同于一般民用建筑和市政等工程，它具有科学的内涵和艺术的外貌。每项工程各具特色、风格迥异，工艺要求也不尽相同，而且工程项目内容丰富，类别繁多，工程量大小也有天壤之别；同时还受地域差别和气候条件的影响。景观工程市城市环境建设的重要组成部分，景观的布置与营造要进行细致而周全的设计，她需要调查和了解尽管所处的环境条件，经过周详地考虑和研究，从艺术和技术等多方面构思，从而决定景观的形式及内容，最终产生服务于大众的景观作品。

本书共二十二章，合计 30 万字。由来自张掖市寺大隆林场的肖国栋担任第一主编，负责第九章至第十三章的内容，合计 8 万字以上。由来自山东建筑大学的刘婷担任第二主编，负责第一章至第四章的内容，合计 8 万字以上。由来自青岛军民融合学院的王翠担任第三主编，负责第十四章至第二十二章的内容，合计 8 万字以上。由来自唐山学院的陈强担任副主编，负责第五章至第八章的内容，合计 5 万字以上。

目 录

第一章 园林建筑概说 1

  第一节 园林建筑的含义与特点 1

  第二节 园林与园林建筑发展简介 5

第二章 园林建筑构图原则 23

  第一节 统一 23

  第二节 对比 25

  第三节 均衡 27

  第四节 韵律 28

  第五节 比例 29

  第六节 尺度 31

  第七节 色彩 34

第三章 园林建筑的空间处理 35

  第一节 空间的概念 35

  第二节 空间的类型 37

  第二节 空间的处理手法 40

第四章 园林景观设计溯源 44

  第一节 中国古典园林的植物配置 44

  第二节 外国古典园林的植物配置 52

  第三节 现代园林的植物景观 76

第五章 园林植物的功能 90

  第一节 植物生态环保功能 90

  第二节 植物的空间建筑功能 104

  第三节 美学观赏功能 109

  第四节 植物的经济学功能 112

第六章 植物造景的生态学原理 113

  第一节 影响植物生长的生态因子 113

  第二节 植物配置的生态学基础理论 117

第三节 植物造景的生态观 ……………………………………………… 120

第七章 植物造景的美学原理 ……………………………………… 122

第一节 园林植物的形态特征 …………………………………………… 122

第二节 园林植物的色彩特征 …………………………………………… 123

第三节 植物的其他美学特征 …………………………………………… 125

第四节 植物造景的美学法则 …………………………………………… 130

第八章 园林植物景观设计 ……………………………………… 133

第一节 植物造景的原则 ………………………………………………… 133

第二节 植物配置方式 …………………………………………………… 136

第三节 园林植物景观设计方法 ………………………………………… 138

第四节 植物造型景观设计 ……………………………………………… 142

第九章 植物景观设计程序 ……………………………………… 147

第一节 现状调差与分析 ………………………………………………… 147

第二节 功能分区 ………………………………………………………… 157

第三节 植物种植设计 …………………………………………………… 159

第十章 园林苗圃的建立 ………………………………………… 165

第一节 园林苗圃用地的选择与规划设计 ……………………………… 165

第二节 园林苗圃技术档案的建立 ……………………………………… 172

第十一章 苗木繁育技术 ………………………………………… 177

第一节 实生苗繁育技术 ………………………………………………… 177

第二节 扦插苗繁育 ……………………………………………………… 182

第三节 嫁接苗繁育 ……………………………………………………… 185

第四节 压条、埋条及分株育苗 ………………………………………… 189

第十二章 园林植物的栽植 ……………………………………… 193

第一节 园林植物的露地栽植 …………………………………………… 193

第二节 园林植物的保护地栽培 ………………………………………… 200

第三节 园林植物的容器栽培 …………………………………………… 205

第四节 园林植物的无土栽培 …………………………………………… 211

　　第五节　屋顶花园植物的栽培 215

第十三章　园林植物的养护管理 218
　　第一节　露地栽培园林植物的养护管理 218
　　第二节　保护地栽培植物的养护管理 222
　　第三节　修剪与整形发的基本技能 226

第十四章　景观设计 229
　　第一节　景观设计的概念 229
　　第二节　景观设计的特征 231

第十五章　景观艺术设计的渊源与发展 234
　　第一节　中国景观艺术设计的产生与发展 234
　　第二节　欧洲景观艺术设计的历史与发展 238
　　第三节　美国现代景观艺术设计 242

第十六章　景观的构成要素 244
　　第一节　地形 244
　　第二节　水体 245
　　第三节　植物 246
　　第四节　建筑 247
　　第五节　道路与广场 248

第十七章　景观空间 250
　　第一节　景观空间意识 250
　　第二节　景观空间围合 253
　　第三节　景观空间类型 255
　　第四节　景观空间的分隔与联系 257
　　第五节　景观空间序列 258
　　第六节　空间形态创造 260

第十八章　景观色彩设计 261
　　第一节　色彩的基本知识 261
　　第二节　色彩的物理、生理、心理效应 263

　　第三节 景观色彩设计的要求和方法 265

第十九章 景观照明设计 267
　　第一节 照明的基本概念 267
　　第二节 光源与灯具的选择 269
　　第三节 照明的作用与方式 271
　　第四节 光的作用 273

第二十章 景观设计的构图 275
　　第一节 景观造型设计的基本概念 275
　　第二节 景观构图的基本要素 277
　　第三节 景观构图的形式美法则 279

第二十一章 景观与园林设计 282
　　第一节 西亚古典园林 282
　　第二节 规整而有序的西方园林 284
　　第三节 中国古代园林 288
　　第四节 日本园林 296

第二十二章 人体工程学、环境心理学与景观设计 297
　　第一节 人体工程学与景观设计 297
　　第二节 环境心理学与景观设计 303

参考文献 305

第一章 园林建筑概说

第一节 园林建筑的含义与特点

一、园林与园林建筑

园林是指在一定的地域运用工程技术和艺术手段，通过改造地形（或进一步筑山、叠石、理水）、种植树木花草、营造建筑和布置园路等途径创作而成的自然环境和游憩境域。一般来说，园林的规模有大有小，内容有繁有简，但都包含着四种基本的要素，即土地、水体、植物和建筑。其中，土地和水体是园林的地貌基础，土地包括平地、坡地、山地，水体包括河、湖、溪、涧、池、沼、瀑、泉等。天然的山水需要加工、修饰、整理，人工开辟的山水讲究造型，还需要解决许多工程问题。因此，筑山和理水就逐渐发展成为造园的专门技艺。植物栽培最先是以生产和实用为目的的，随着园艺科技的发展才有了大量供观赏之用的树木和花卉。现代园林中，植物已成为园林的主角，植物材料在园林中的地位就更加突出了。上述三种要素都是自然要素，具有典型的自然特征。在造园中必须遵循自然规律，才能充分发挥其应有的作用。

园林建筑是指在园林中具有造景功能，同时又能供人游览、观赏、休息的各类建筑物。在中国古代的皇家园林、私家园林和寺观园林中，建筑物占了很大比重，其类别很多，变化丰富，积累着我国建筑的传统艺术及地方风格，匠心巧构在世界上享有盛名。现代园林中建筑所占的比重需要大量地减少，但对各类建筑的单体仍要仔细观察和研究它的功能、艺术效果、位置、比例关系，与四周的环境协调统一等。无论是古代园林，还是现代园林，通常都把建筑作为园林景区或景点的"眉目"来对待,建筑在园林中往往起到了画龙点睛的重要作用。所以常常在关键之处,置以建筑作为点景的精华。园林建筑是构成园林诸要素中唯一的经人工提炼,又与人工相结合的产物,能够充分表现人的创造和智慧,体现园林意境,并使景物更为典型和突出。建筑在园林中就是人工创造的具体表现,适宜的建筑不仅使园林增色,并更使园林富有诗意。由于园林建筑是由人工创造出来的,比起土地、水体、植物来,人工的味道更浓,受到自然条件的约束更少。建筑的多少、大小、式样、色彩等处理,对园林风格的影响很大。一个园林的创作,是要幽静、淡雅的山林、田园风格,还是要艳丽、豪华的趣味,也主要决定于建筑淡装与浓抹的不同处理。园林建筑是由于园林的存在而存在的,没有园林与风景,就根本谈不上园林建筑这一种建筑类型。

二、园林建筑的功能

一般说来,园林建筑大都具有使用和景观创造两个方面的作用。

就使用方面而言,它们可以是具有特定使用功能的展览馆、影剧院、观赏温室、动物兽舍等;也可以是具备一般使用功能的休息类建筑,如亭、榭、厅、轩;还可以是供交通之用的桥、廊、花架、道路等;此外,还有一些特殊的工程设施,如水坝、水闸等。

园林建筑的功能主要表现在它对园林景观创造方面所起的积极作用,这种作用可以概括为下列四个方面:

1.点景

即点缀风景。园林建筑与山水、植物等要素相结合而构成园林中的许多风景画面,有宜于就近观赏的,有适于远眺的。在一般情况下,园林建筑常作为这些风景画面的重点和主景,没有这座建筑也就不成其为"景",更谈不上园林的美景了。重要的建筑物往往作为园林的一定范围内甚至整座园林的构景中心,例如北京北海公园中的白塔、颐和园中的佛香阁等都是园林的构景中心,整个园林的风格在一定程度上也取定于建筑的风格。

2.观景

即观赏风景。以一幢建筑物或一组建筑群作为观赏园内景观的场所；它的位置、朝向、封闭或开敞的处理往往取决于得景的佳否，即是否能够使得观赏者在视野范围内摄取到最佳的风景画面。在这种情况下，大至建筑群的组合布局，小到门窗、洞口或由细部所构成的"框景"都可以利用作为剪裁风景画面的手段。

3.范围空间

即利用建筑物围合成一系列的庭院；或者以建筑为主，辅以山石植物将园林划分为若干空间层次。

4.组织游览路线

以园林中的道路结合建筑物的穿插、"对景"和障隔，创造一种步移景异，具有导向性的游动观赏效果。

通常，园林建筑的外观形象与平面布局除了满足和反映特殊的功能性质之外，还要受到园林选景的制约。往往在某些情况下，甚至首先服从园林景观设计的需要。在作具体设计的时候，需要把他们的功能与他们对园林景观应该起的作用恰当地结合起来。

三、园林建筑的特点

园林建筑与其他建筑类型相比较，具有其明显的特征，主要表现为：

（1）园林建筑十分重视总体布局，既主次分明，轴线明确，又高低错落，自由穿插。既要满足使用功能的要求，又要满足景观创造的要求。

（2）园林建筑是一种与园林环境及自然景观充分结合的建筑。因此，在基址选择上，要因地制宜，巧于利用自然又融于自然之中。将建筑空间与自然空间融成和谐的整体，优秀的园林建筑是空间组织和利用的经典之作。"小中见大"、"循环往复，以至无穷"是其他造园因素所无法与之相比的。

（3）强调造型美观是园林建筑的重要特色，在建筑的双重性中，有时园林建筑美观和艺术性，甚至要重于其使用功能。在重视造型美观的同时，还要极力追求意境的表达，要继承传统园林建筑中寓意深邃的意境。要探索、创新现代园林建筑中空间与环境的新意。

（4）小型园林建筑因小巧灵活，富于变化，常不受模式的制约，这就为设计者带来更多的艺术发挥的余地，真可谓无规可循，构园无格。

（5）园林建筑色彩明朗，装饰精巧。在我国古典园林中，建筑有着鲜明的色彩。北京古典园林建筑色彩鲜艳，南方第宅园林则色彩淡雅。现代园林建筑其色彩多以轻快、明朗为主，力求表现园林建筑轻巧、活泼、简洁、明快的性格。在装饰方面，不论古今园林建筑都以精巧的装饰取胜，建筑上善于应用各种门洞、漏窗、花格、隔断、空廊等，构成精巧的装饰，尤其将山石、植物等引入建筑，使装饰更为生动，成为建筑上得景的画面。因此，通过建筑的装饰增加园林建筑本身的美，更主要是通过装饰手段使建筑与景致取得更密切的联系。

第二节 园林与园林建筑发展简介

园林与园林建筑的演变与发展，依不同国度、不同年代及思想文化有着不同的发展形式。因此，了解园林与园林建筑发展的历史，有助于今天的现代园林建筑的创作。

一、中国古典园林与园林建筑

中国古典园林的演变与发展按其历史进程可分为以下几个主要阶段：

1.黄帝以讫周期

我国造园的历史极其久远，据其可考者，以黄帝的玄圃为滥觞，其后亮设虞人掌山泽、苑囿、田猎之事，舜命虞官，掌上下草木鸟兽之职责，苑囿之掌理，乃有专官的设置。作为游息生活景域的园林的建造，需要付出相当的人力与物力。因此，只有到社会的生产力发展到一定的水平，才有可能兴建以游息生活为内容的园林。

2.春秋战国至秦时代

春秋战国时代是思想史的黄金时代，以孔孟为二大主流，其中宇宙人生的基本课题受到重视，人对自然的关系，由敬畏而逐渐转为敬爱，诸侯造园亦渐普遍。公元前221年，秦始皇灭六国完成了统一中国的事业，建都咸阳。他集全国物力、财力、人力将各诸侯国的建筑式样建于咸阳北陵之上，殿阁相属，形成规模宏大的宫苑建筑群，建筑风格与建筑技术的交流促使了建筑艺术水平的空前提高。在渭河南岸建上林苑，苑中以阿房宫为中心，加上许多离宫别馆，还在咸阳"作长池、引渭水，……筑土为蓬莱山"，把人工堆山引入园林。

3.汉朝

公元前139年，汉武帝开始修复和扩建秦时的上林苑，"广长三百里"，是规模极为宏大的皇家园林。苑中有苑、有宫、有观。其中还挖了许多池沼、河流，种植了各种奇花异木，豢养了珍禽奇兽供帝王观赏与狩猎，殿、堂、楼、阁、亭、廊、台、榭等园林建筑的各种类型的雏型都已具备。建章宫在汉长安西郊，是个苑囿性质的离宫，其中除了各式楼台建筑外，还有河流、山岗和宽阔的太液池，池中筑有蓬莱、方丈、瀛洲三岛。这种摹拟海上神仙境界，在池中置岛的方法逐渐成为我国园林理水的基本模式之一。

汉代后期，私人造园逐渐兴起，人与自然的关系愈见亲密，私园中模拟自然成为风尚，尤其是袁广汉之茂陵园，是此时私人园林的代表。在这一时期的园林中，园林建筑为了取得更好的游息观赏的效果，在布局上已不拘泥于均齐对称的格局，而有错落变化，依势随形而筑。在建筑造型上，汉代由木构架形成的屋顶已具有庑殿、悬山、囤顶、攒尖和歇山这五种基本形式。

4.魏晋南北朝

魏晋南北朝时代（公元 220-581 年）.，社会秩序黑暗，许多文人雅士为了逃避纷繁复杂的现实社会，于是就在名山大川中求超脱、找寄托，日益发现和陶醉在自然美好世界之中，加之当时盛行的玄言文学空虚乏味，因而人们把兴趣转向自然景物，山水游记作为一种文学样式逐渐兴起。另外，这一时期中国写意山水诗和山水画也开始出现。创作实践上的繁荣也促进了文艺理论的发展，像"心师造化"，"迁想妙得"，形似与神似，"以形写神"，以及"气韵生动"为首的"六法"等理论，都超越了绘画的范围，对园林艺术的创造也产生了深刻、长远的影响。文学艺术对自然山水的探求，促使了园林艺术的转变。首先，官僚士大夫们的审美趣味和美的理想开始转向自然风景山水花鸟的世界，自然山水成了他们居住、休息、游玩、观赏的现实生活中亲切依存的体形环境。他们期求保持、固定既得利益，把自己的庄园理想化、牧歌化，因此，私人园林开始兴盛、发展起来。他们隐逸野居，陶醉于山林田园，选择自然风景优美的地段，模拟自然录色，开池筑山，建造园林。同时，寺庙园林作为园林的一种独立类型开始在这一时期出现，主要是由于政治动荡，战争频繁，人民生活痛苦。自东汉初，宣传天堂乐趣的佛教经西域传入中国，并得以广泛流传，佛寺广为修建，诗云"南朝四百八十寺，多少楼台烟雨中"。中国土生土长的道教形成于东汉晚期，南北朝时达到了早期高潮。东晋末年，就盛行文人与佛教徒交游的风气，他们出没于深山幽林、寺庙榭台，加以祖国的锦绣山河壮丽如画，游踪所至，目有所见，情有所动，神有所思。在深山幽谷中建起梵刹，与佛教超尘脱俗、恬静无为的宗旨也很对路。与此同时，贵族士大夫为求超度入西天，也往往"舍身入寺"或"舍宅为寺"，因此附属于住宅中的山水风景园林也就移植到佛寺中去了。于是，我国早期的寺庙园林便应运而生。

佛教传入我国，很快为我国文化所汲取、改造而"中国化"了。最初的佛寺就是按中国官署的建筑布局与结构方式建造的，因此，虽然是宗教建筑，却不具印度佛教的崇拜象征一翠堵坡那种瓶状的塔体及中世纪哥特教堂的那种神秘感，而成为中国人的传统审美观念所能接受的、与人们的正常生活有联系的、世俗化的建筑物。中国"佛寺的布局，在公元第四、第五世纪已经基本定型了"。"佛寺布局，采取了中国传统世俗建筑的院落式布局方法，一般地说，从山门（即寺院外面的正门）起，在一根南北轴线上，每隔一定距离就布置一座殿堂，周围用廊庑以及一些楼阁把它们围绕起来。这些殿堂的尺寸、规模，一般地是随同它们的重要性而逐步加深，往往到了第三或第四个殿堂才是庙寺的主要建筑——大雄宝殿。……这些殿堂和周围的廊庑楼阁等就把一座寺院划为层层深入、引人入胜的院落。"（梁思成：《中国的佛教建筑》）这些寺庙为庶民提供了朝佛进香、逛庙游憩及交际场所，起到了当时一种公共建筑的作用。高耸的佛塔，不仅为登高远望，而且对城市及风景区的景观起到了重要的点缀作用，成为城市及景区视线的焦点和标志。从北魏起，许多著名的寺庙，寺塔都选择在风景优美的名山大川兴建。原来优美的风景区，有了这些寺、塔人文景观的点染，更觉秀美、优雅，寺庙从虚无缥缈的神学转化成了现实自然美的艺术。游山逛庙，凡风景区必有庙，游风景也就是逛庙。这种传统很有意思，它吸引、启发了无数诗人、画家的创作灵感，而诗人和画家的创作又从一个重要方面丰富了我国的文学艺术和园林艺术，丰富了我国人民的精神生活，至今对风景旅游事业的发展仍起着重大的推动作用。

5.隋唐时代

隋朝统一乱局，官家的离宫苑囿规模大，尤其是隋炀帝在洛阳兴建的西苑，更是极尽奢糜华丽。《大业杂记》说苑内造山为海，周十余里，水深数丈，其中有方丈、蓬莱、瀛洲诸山，相去各三百步，山高出水百余尺，上有通真观、习灵台、总仙宫，分在诸山。风亭月观，皆以机成，或起或灭，若有神变，海北有龙鳞渠。屈曲周绕十六院入海。"可以看出，西苑是以大的湖面为中心，湖中仍沿袭汉代的海上神山布局。湖北以曲折的水渠环绕并分割了各有特色的十六小院，成为苑中之园。"其中有逍遥亭，四面合成，结构之丽，冠以古今。"这种园中分成景区，建筑按景区形成独立的组团，组团之间以绿化及水面间隔的设计手法，已具有中国大型皇家园林布局基本构园的雏型。

唐是汉以后一个伟大的朝代，它揭开了我国古代历史上最为灿烂夺目的篇章。经二百多年比较安定的政治局面和丰裕的社会经济生活，呈现出"升平盛世"的景象，经济的昌盛促进了文学艺术的繁荣，加上中外文化、艺术的大交流、大融合，突破传统，引进、汲取、创造、产生了文艺上所谓的"盛唐之音"。园林发展到唐代，它汲取前代的营养，根植于现实的土壤而茁壮成长，开放出了夺目的奇葩。

唐代官僚士大夫的第宅，廨署、别业中筑园很多。如白居易建于洛阳的履道坊第宅为"五亩之宅，十亩之园，有水一池，有竹千竿"，即是清静幽雅的私家园林。与此同时，唐代的皇家园林也有巨大的发展，如著名的离宫型皇家园林——华清宫，位于临潼县骊山北麓，距今西安约 20km，它以骊山脚下涌出的温泉作为建园的有利条件。据载，秦始皇时已在此建离宫，起名"醒山汤"，唐贞观十年（公元 644 年）又加营建，名为"温泉宫"；天宝六年（公元 747 年），定名"华清宫"。布局上以温泉之水为池，环山列宫室，形成一个宫城。建筑随山势之高低而错落修筑，山水结合，宫苑结合。此外，唐代的自然山水园也有所发展，如王维在蓝田筑的"辋川别业"'，白居易在庐山建的草堂，都是在.自然风景区中相地而筑，借四周景色略加入人工建筑而成。由于写意山水画的发展，也开始把诗情画意写入园林。园林创作开始在更高的水平上发展。（图 1-1）

图 1-1 辋川别业局部图（摹自《关中胜迹图志》）

6.宋代

唐朝活泼充满生机的风气传至宋朝。同时，随着山水画的发展，许多文人、画师不仅寓诗于山水画中，更建庭园融诗情画意于园中。因此，形成了三维空间的自然山水园。例如北宋时期的大型皇家园林——艮岳，即是自然山水园的代表作品。艮岳位于宫城外，内城的东北隅，是当时一座大型的皇家园林，周围十多里，"岗连阜属，东西相望，前后相续，左山而右水，后溪而旁陇，连绵弥满，吞山怀谷，其东则高峰峙立，其下则植梅以万数，绿萼承跗，芬芳馥郁。结构山根，号萼绿华堂，又旁有承岚昆云之亭 3 有屋外方内圆，如半月，是名书馆。又有八仙馆……揽秀之轩，龙吟之堂。""寿山嵯峨，两峰并峙，列嶂如屏，潘布下入雁池。"（宋徽宗：《御制艮岳记》）由此可见，艮岳在造园上的一些新的特点:：首先，把人们主观上的感情、把人们对自然美的认识及追求，比较自觉地移入了园林的创作之中，它已不像汉唐时期那样截取优美自然环境中的一个片段、一个领域，而是运用造园的种种手段，在有限的空间范围内表达出深邃的意境，把主观因素纳入艺术创作。其次，艮岳在创造以山水为主体的自然山水园景观效果方面，手法已十分灵活、多样。艮岳本来地势低洼，但通过筑山，摹拟余杭之凤凰山，号曰万岁山，依山势主从配列，并"增筑岗阜"形成幽深的峪壑，还运用大量从南方运来的太湖石"花石桩砲"。又"引江水凿池沼"，再形成"沼中有洲"，洲上置亭，并把水"流注山间"造成曲折的水网、涧溪、河汉。艮岳在缀山理水上所创造的成就，是我国园林发展到一个新高度的重要标志，对后来的园林产生了深刻的影响。在园林建筑布局上，艮岳也是从风景环境的整体着眼，因景而设，这也与唐代宫苑有别。在主峰的顶端置介亭作为观景与控制园林的风景点，在山间、水畔各具特色的环境中，分别按使用需要，布置了不同类型的园林建筑，依靠山岩而筑的有倚翠楼、清澌阁，在水边筑有胜筋庵、蹑云台、萧闲馆，在池沼的洲上花间安置有雍雍亭等。这些都显示了北宋山水宫苑的特殊风格，为元、明、清之自然山水式皇家园林的创作奠定了坚实的基础。

南宋时期的江南园林得到极大的发展。这首先得利于当时全国的政治、经济中心自安史之乱以后逐渐移向江南，加上江浙一带优越的地理条件，促进了园林的空前发展。例如南宋时，杭州的西湖在其湖上、湖周分布着皇家的御花园，以及王公大臣们的私园共几十座，真是"一色楼台三十里，不知何处觅孤山"，园林之盛空前。

宋代园林建筑没有唐朝那种宏伟刚健的风格，但却更为秀丽、精巧，富于变化。建筑类型更加多样，如宫、殿、楼、阁、馆、轩、斋、室、台、榭、亭、廊等，按使用要求与造型需要合理选择。在建筑布局上更讲究因景而设，把人工美与自然美结合起来，按照人们的主观思望，加工、编织成富有诗情画意的、多层次的体形环境。江南的园林建筑更密切地与当地的秀丽中水环境相结合，创造了许多因地制宜的设计手法。由于《木经》、《营造法式》这两部建筑文献的出现，更推动了建筑技术及物件标准化水平的提高。宋代在我国历史上对古代文化传统起到了承前启后的作用，也是中国园林与园林建筑在理论与实践上走向更高水平发展的一个重要时期。

7.元朝

元朝是异族统治，士人多追求精神层次的境界，庭园成为其表现人格、抒发胸怀的场所，因此庭园之中更重情趣，如倪瓒所凿之清闷阁、云林堂和其参与设计的狮子林均为很好的代表。

元朝在进行大规模都城的建设中，把壮丽的宫殿与幽静的园林交织在一起，人工的神巧和自然景色交相辉映，形成了元大都的独特风格。在建筑形式上，先后在大都内建起伊斯兰教礼拜寺和西藏的喇嘛寺，给城市及风景区带来了新的建筑形象、装饰题材与手法。但由于连年战乱,经济停滞,民族矛盾深重,这个时期,除大都太液池、宫中禁苑的兴建外,其他园林建筑活动很少。

8.明、清时期

明代 270 余年间,由于经济的恢复与发展,园林与园林建筑又重新得到了发展。北方与南方,都市、市集、风景区中的园林在继承唐、宋传统基础上都有不少新的创作,造园的技术水平也大大提高了,并且出现了系统总结造园经验的理论著作。清代的文化、建筑、园林基本上沿袭了明代的传统,在 267 年的发展历史中,把中国园林与中国建筑的创作推向了封建社会中的最后一个高峰。在全国范围内,园林数量之多、形式之丰富、风格之多样都是过去历代所不能比拟的。在造园艺术与技术方面也达到了十分纯熟的境地。中国园林与园林建筑作为一个独立的、完整的体系而确定了它应占有的世界地位。保留至今的中国古典园林、自然风景区、寺庙园林多数都是明、清时期创建的明清时期在园林与园林建筑方面的主要成就,概括起来主要表现在以下几个方面:(图1-7)。

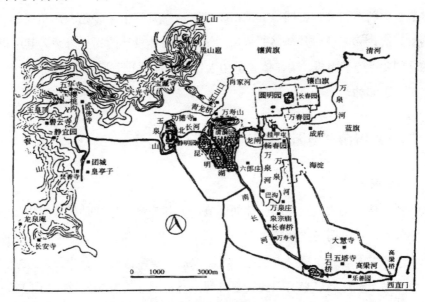

图 1-2 清代北京西郊园林分布

(1)在园林的数量和质量上大大超过了历史上的任何一个时期。

11

（2）明清时期，中国的园林与园林建筑在民族风格基础上依据地区的特点所逐步形成的地方特色日益鲜明，它们汇集了中国园林色彩斑斓、丰富多姿的面貌。在明清时期，中国园林的四大基本类型——皇家园林、私家园林、寺观园林、风景名胜园林都已发展到相当完备的程度，它们在总体布局、空间组织、建筑风格上都有其不同的特色。其中，以北京为中心的皇家园林，以长江中下游的苏州、扬州、杭州为中心的私家园林，以珠江三角洲为中心的岭南庭园都具有代表性。风景名胜园林与风景区的寺观园林则遍布祖国大江南北，其中四川、云南等西南地区，由于地理、气候及穿斗架建筑技术等方面的共同性，在园林建筑上也表现了明显的特色。

（3）明清时期还产生了一批造园方面的理论著作。我国有关古代园林的文献，在明清以前多数见于各种文史、画论、名园记、地方志中。其中，宋代的《洛阳名园记》、《吴兴园林记》等曾对当时的园林作了较全面的记述和描绘。明清以后，在广泛总结实践经验的基础上把造园作为专门学科来加以论述的理论著作相继问世，其中重要的著作有明代计成的《园冶》、文震亨的《长物志》。《园冶》对造园作了全面的论述，全书分为相地、立基、屋宇装折、门窗、墙垣、铺地、掇山、选石、借景等十个专题。在相地之前还列有兴造论和园说，是全书的总论，阐明了园林设计的指导思想。其中提出的造园要"巧于因借，精在体宜虽由人作，宛自天开"等精辟独到的见解，都是对我国园林艺术的高度概括。

二、外国园林与园林建筑

1.日本园林

日本园林初期大多受中国园林的影响，尤其是在平安朝时代（约我国唐末至南宋），真可谓是"模仿时期"，到了中期因受佛教思想，特别是受禅宗影响，多以闲静为主题。末期明治维新以后，受欧洲致力于公园建造的影响，而成为日本有史以来造园的黄金时期。日本园林的发展大致经历了以下几个主要时期，各时期园林都具有鲜明的特点：

（1）平安朝时代：日本自上古飞鸟讫奈良时代基本无造园活动，自桓武天皇奠都平安后，由于三面环山，山城水源、岩石、植物材料丰富，故在造园方面颇有建树，当时宫阙殿宇，以及庭园建筑，均是仿照我国唐朝制度。

（2）镰仓时代：赖朝暮府建都镰仓，武权当道，这一时期的人们重质朴、尚武功，造园事业随之衰落。然而，此时正值佛教兴隆，颇受禅宗影响，造园风格多以闲雅幽邃的僧式庭园为主。当时有名的称名寺（位于横滨市金泽）为其典型。造园大师梦窗国师的作品——西芳寺庭园、天龙寺庭园是朴素风尚的枯山水式庭园的典型代表，其中的西芳寺庭园以黄金池为中心，池岸为滨洲型，曲折多致是净土庭园，在艺术手法上是北宋山水法的意匠，表现优雅舒展的美。环池有殿堂和亭、桥，僧居以廊连结为赏景之通道。山坡（上部）上有豪壮的枯瀑石组（最早出现的枯山水）其为回游式庭园，为枯山水的运用。

（3）室町时代：室町时代受我国明朝文化的影响，生活安定，渐趋奢侈，文学美术的进步，绘雕及拳道、插花的发达，形成民众造园艺术的广泛普及，这是日本造园的黄金时代。这一时期的日本园林再现自然风景方面显示一种高度概括、精练的意境。这期间出现的写意风格的"枯山水"平庭，具有一种极端的"写意"和富于哲理的趋向。枯山水很讲究置石，主要是利用单块石头本身的造型和它们之间的配列关系。石形务求稳重，底广顶削，不作飞梁、悬挑等奇构，也很少堆叠成山。枯山水庭园内也有栽植不太高大的观赏树木的，都十分注意修剪树的外形姿势而又不失其自然形态。京都西郊龙安寺南庭是日本"枯山水"的代表作。庭园布置在禅室方丈前33（W 矩形封闭空间内，长宽比为3:1，白砂象征大海，15 块石头以 5，2，3，2，3 分成 5 组，象征 5 个群岛，大海的孤岛及对宇宙秩序的想象。白色反光强调浩瀚的宇宙空间，启发无限的永恒与有限生命的对比，石为短暂生命及无限时空的中介物。

（4）桃山时代：桃山时代执政者丰田秀吉，他对建筑、绘画、雕刻及工艺、茶道等非常注重，一破抄袭中国造园之旧风，是发挥日本造园个性时代的开始，当时民心闲雅幽静，茶道乘隙以兴，以致茶庭、书院等庭园辈出，庭园内均有庭石组合，栽培棕榈及苏铁而富异国情调。茶庭的面积比池泉筑山庭小，要求环境安静便于沉思冥想，故造园设计比较偏重于写意。人们要在庭园内活动，因此用草地代替白沙。草地上铺设石径，散置儿块山石并配以石灯和几株姿态虬曲的小树。茶室门前设石水钵，供客人净手之用。这些东西到后来都成为日本庭园中必不可少的小品点缀。

（5）江户时代：日本江户时代全国上下造园事业非常发达，大致可分为两个时期，前期为"回游式庭园"，其面积较大，典型的形式以池为中心，四周配以茶亭，并有苑路连接。回游式庭园是以步行方式循着园路观赏庭园之美，以大面积的水池为中心，水中有一中岛或半岛为蓬莱岛，并环池开路，人在其中为庭园内点景之一，连续出现的景观每景各有主题，由步径小路将其连接成序列风景画面。这一时期建成了好几座大型的皇家园林，著名的京都桂离宫就是其中之一。这座园林以大水池为中心，池中布列着一个大岛和两个小岛。池的周围水道萦回，间以起伏的土山。湖的西岸是全园最大的一组建筑群"御殿"、"书院"和"月波楼"，其他较小的建筑物则布列在大岛上、土山上和沿湖的岸边。它们的形象各不相同，分别以春、秋、冬的景题与地形和绿化相结合成为园景的点缀。桂离宫是日本"回游式庭园"的代表作品，其整体是对自然风景的写实模拟，但局部而言则又以写意的手法为主，这对近代日本园林的发展有很大的影响。这一时期的园林不仅集中在几个政治和经济中心的大城市，也遍及于全国各地。在造园的广泛实践基础上总结出三种典型样式即"真之筑"、"行之筑"和"草之筑"。所谓"真之筑"基本上是对自然山水的写实模拟，"草之筑"纯属写意的手法，"行之筑"则介于二者之间，犹如书法的楷、草、行三体。这三种样式主要指筑山、置石和理水而言，从总体到局部形成一整套规范化的处理手法。

（6）明治维新时代：明治维新以后，一破昔日闭关主义，初期更以国事甫定，对于园囿多处摧毁，后来接受欧洲文物致力于公园的建造，而成为日本有史以来的公园黄金时代。

明治中叶庭园形式脱颖而出，庭园中用大片草地、岩石、水流来配置。到了大正时代最大造园为明治神宫，为此时期庭园的代表作，而在世界造园中成为特种造园之一。

2.欧美园林

欧美园林的起源可以追溯到古埃及和古希腊。而欧洲最早接受古埃及中东造园影响的是希腊，希腊以精美的雕塑艺术及地中海区盛产的植物加入庭园中，使过去实用性的造园加强了观赏功能。几何式造园传入罗马，再演变到意大利，他们加强了水在造园中的重要性，许多美妙的喷水出现在园景中，并在山坡上建立了许多台地式庭园，这种庭园的另一个特点，就是将树木修剪成几何图形。台地式庭园传到法国后，成为平坦辽阔形式，并且加进更多的草花栽植成人工化的图案，确定了几何式庭园的特征。法国几何式造园在欧洲大陆风行的同时，英国一部分造园家不喜欢这种违背自然的庭园形式，于是提倡自然庭园，有天然风景似的森林及河流，像牧场似的草地及散植的花草。英国式与法国式的极端相反的造园形式，后来混合产生了混合式庭园，形成了美国及其他各国造园的主流，加入科学技术及新潮艺术的内容，使造园确立了游憩上及商业上的地位。欧美园林的发展主要经历了下列几个时期：

①埃及：早在公元前 3000 多年，古埃及在北非建立奴隶制国家。尼罗河沃土冲积，适宜于农业耕作，但国土的其余部分都是沙漠地带。对于沙漠居民来说，在一片炎热荒漠的环境里有水和遮荫树木的"绿洲"，就是最珍贵的地方。因此，古埃及人的园林即以"绿洲"作为摹拟的对象。尼罗河每年泛滥，退水之后需要丈量耕地，因而发展了几何学。于是，古埃及人也把几何的概念用之于园林设计。水池和水渠的形状方整规则，房屋和树木亦按几何规矩加以安排，成为世界上最早的规则式园林。古埃及庭园形式多为方形，平面呈对称的几何形，表现其直线美及线条美。庭园中心常设置一水池，水池可行舟。庭园四周有围墙或栅栏，园路以椰子类热带植物为行道树。庭园中水池里养殖鸟、鱼及水生植物。园内布置有简单的凉亭，盆栽花木则置于住宅附近的园路旁。

②巴比伦：底格里斯河一带，地形复杂而多丘陵，且地潮湿，故庭园多呈台阶状，每一阶均为宫殿。并在顶上栽植树木，从远处看好像悬在半空中，故称之为悬园。著名的巴比伦空中花园就是其典型代表。巴比伦空中花园建于公元前 6 世纪，是新巴比伦国王尼布甲尼撒二世为他的妃子建造的花园。

据考证：该园建有不同高度的越往上越小的台层组合成剧场般的建筑物。每个台层以石拱廊支撑，拱廊架在石墙上，拱下布置成精致的房间，台层上面覆土，种植各种花木。顶部有提水装置，用以浇灌植物，这种逐渐收缩的台层上布满植物，如同覆盖着森林的人造山，远看宛如悬挂在空中。

③波斯：波斯土地高燥，多丘陵地，地势倾斜，故造园皆利用山坡，成为阶段式立体建筑，然后行山水，利用水的落差，造设瀑布与喷水，并栽植点缀，其中有名者为"乐园"，是王侯、贵族之狩猎苑。

3.中古时代

①古希腊：古希腊是欧洲文明的发源地，据传说，公元前 10 世纪时，希腊已有贵族花园。公元前 5 世纪，贵族住宅往往以柱廊环绕，形成中庭，庭中有喷泉、雕塑、瓶饰等，栽培蔷薇、罂粟、百合、风信子、水仙等以及芳香植物，最终发展成为柱廊园形式。那时已出现公共游乐地，神庙附近的圣林是群众聚集和休息的场所。圣林中竞技场周围有大片绿地，布置了浓荫覆被的行道树和散步小径，有柱廊、凉亭和坐椅。这种配置方式对以后欧洲公园颇有影响。

②古罗马：古代罗马受希腊文化的影响，很早就开始建造宫苑和贵族庄园。由于气候条件和地势的特点，庄园多建在城郊外依山临海的坡地上，将坡地辟成不同高程的台地，各层台地分别布置建筑、雕塑、喷泉、水池和树木。用栏杆、台阶、挡土墙把各层台地连接起来，使建筑同园林、雕塑、建筑小品融为一体。园林成为建筑的户外延续部分。园林中的地形处理、水景、植物都呈规则式布置。树木被修剪成绿丛植坛、绿篱、各种几何形体和绿色雕塑。

园林建筑有亭、柱廊等，多建在上层台地，可居高临下，俯瞰全景。到了全盛时期，造园规模亦大为进步，多利用山、海之美于郊外风景胜地，作大面积别墅园，奠定了后世文艺复兴时意大利造园的基础。

中世纪时代：公元 5 世纪罗马帝国崩溃直到 16 世纪的欧洲，史称"中世纪"。整个欧洲都处于封建割据的自然经济状态。当时，除了城堡园林和寺院园林之外，园林建筑几乎完全停滞。寺院园林依附于基督教堂或修道院的一侧，包括果树园、菜畦、养鱼池和水渠、花坛、药圃等，布局随意而又无定式。造园的主要目的在于生产果蔬副食和药材，观赏的意义尚属其次。城堡园林由深沟高墙包围着，园内建置藤萝架、花架和凉亭，沿城墙设坐凳。有的园在中央堆叠一座土山，叫做座山，上建亭阁之类的建筑物，便于观赏城堡外面的田野景色。

4.文艺复兴时代：

①意大利园林：西方园林在更高水平上的发展始于意大利的"文艺复兴"时期。意大利园林在文艺复兴时代，由于田园自由扩展，风景绘画融入造园，以及建筑雕塑在造园上的利用，成为近代造园的渊源，直接影响欧美各国的造园形式。意大利园林一般附属于郊外别墅，与别墅一起由建筑师设计，布局统一，但别墅不起统率作用。它继承了古罗马花园的特点，采用规则式布局而不突出轴线。园林分两部分：紧挨着主要建筑物的部分是花园，花园之外是林园。意大境内多丘陵，花园别墅建在斜坡上，花园顺地形分成几层台地，在台地上按中轴线对称布置几何形的水池和用黄杨或柏树组成花纹图案的绿丛植坛，很少用花井。重视水的处理，借地形修渠道将山泉水引下，层层下跌，叮终作响。或用管道引水到平台上，因水压形成喷泉。跌水和喷泉是花园里很活跃的景观。外围的林园是天然景色，林木茂密。别墅的主建筑物通常在较高或最高层的台地上，可以俯瞰全园景色和观赏四周的自然风光。16~17 世纪，是意大利台地园林的黄金时代，在这一时期建造出许多著名的台地园林。到了 17 世纪以后，意大利园林则趋向于装饰趣味的巴洛克式，其特征表现为园林中大量应用矩形和曲线，细部有浓厚的装饰色彩，利用各种机关变化来处理喷水的形式，以及树型的修剪表现出强烈的人工凿作的痕迹。

②法国园林：17 世纪，意大利文艺复兴式园林传入法国。法国多平原，有大片天然植被和大量的河流湖泊。法国人并没有完全接受台地园的形式，而是把中轴线对称均齐的规整式园林布局手法运用于平地造园，从而形成了法国特有的园林形式——勒诺特式园林，它在气势上较意大利园林更强，更人工化。勒诺特是法国古典园林集大成的代表人物。他继承和发展了整体设

计的布局原则，借鉴意大利园林艺术，并为适应当时王朝专制下的宫廷需要而有所创新，眼界更开阔，构思更宏伟，手法更复杂多样。他使法国造园艺术摆脱了对意大利园林的摹仿，成为独立的流派。勒诺特设计的园林总是把宫殿或府邸放在高地上，居于统率地位。从建筑的前面伸出笔直的林荫道，在其后是一片花园，花园的外围是林园。府邸的中轴线，前面穿过林荫道指向城市，后面穿过花园和林园指向荒郊。他所经营的宫廷园林规模都很大。花园的布局、图案、尺度都和宫殿府邸的建筑构图相适应。花园里，中央之轴线控制整体，配上几条次要轴线，外加几道横向轴线，便构成花园的基本骨架。孚一勒一维贡特府邸花园便是这种古典主义园林的代表作。这座花园展开在几层台地上，每层的构图都不相同。花园最大的特点是把中轴线装点成全园最华丽、最丰富、最有艺术表现力的部分。中轴线全长约 1km，宽约200m，在各层台地上有不同的处理方法。最重要的有两段：靠近府邸的台地上的一段两侧是顺向长条绣花式花坛，图案丰满生动，色彩艳丽；次一个台地上的一段，两侧草地边上密排着喷泉，水柱垂直向上，称为"水晶栏栅"。再往前行，最低处是由一条水渠形成的横轴。水渠的两岸形成美妙的"水剧场"，过了"水剧场"，登上大台阶，前面高地顶上耸立着大力神海格里斯像。其后围着半圆形的树墙，有三条路向后放射出去，成为中轴线的终点。中轴线两侧有草地、水池等，再外侧便是林园。

　　勒诺特的另一个伟大的作品便是闻名世界的凡尔赛宫苑。该园有一条自宫殿中央往西延伸长达 2km 的中轴线，两侧大片的树林把中轴线衬托成为一条极宽阔的林荫大道，自东向西一直消逝在无根的天际。林荫大道的设计分为东西两段：西段以水景为主，包括十字形大运河和阿波罗水池，饰以大理石雕像和喷泉。十字大运河横臂的北端为别墅园"大特阿农"，南端为动物饲养园。东段的开阔平地上则是左右对称布置的几组大型的"绣花式植坛"。大林荫道两侧的树林里隐蔽地分布着一些洞府、水景剧场、迷宫、小型别墅等，是比较安静的就近观赏场所。树林里还开辟出许多笔直交叉的小林荫路，它们的尽端都有对景，因此形成一系列的视景线。这种园林被称为"小林园"。中央大林荫道上的水池、喷泉、台阶、雕塑等建筑小品以及植坛、绿实均严格按对称均匀的几何格式布置，是为规则式园林的典范，较之意大利文艺复兴园林更明显地反映了有组织有秩序的古典主义原则。它所显示的恢宏的气度和雍容华贵的景观也远非前者所能比拟。法国古典主义文化当时领导着欧洲文化潮流，勒诺特式园林艺术流传到欧洲各国，许多国家的君主甚至直接摹仿凡尔赛宫苑。

5.18 世纪英国自然风景园

英伦三岛多起伏的丘陵，17~18 世纪时由于毛纺工业的发展而开辟了许多牧羊的草场。如茵的草地、森林、树丛与丘陵地貌相结合，构成英国天然风致的特殊录观。这种优美的自然景观促进了风景画和田园诗的兴盛，而风景画和浪漫派诗人对大自然的纵情讴歌又使得英国人对天然风致之美产生了深厚的感情。这种思潮当然会波及到园林艺术，于是以前流行于英国的封闭式"城堡园林"和规则严谨的"勒诺特式园林"逐渐为人们所厌弃而促使他们去探索另一种近乎自然、反朴归真的新的园林风格，即自然风景园。这种园林与园外环境结为一体，又便于利用原始地形和乡土植物，所以被各国广泛地用于城市公园，也影响现代城市规划理论的发展。自然风景园抛弃了所有几何形状和对称均齐的布局，代之以弯曲的道路、自然式的树丛和草地、蜿蜒的河流，讲究借景和与园外的自然环境相融合。为了彻底消除园内外景观的界限，把园墙修筑在深沟之中，即所谓"沉墙"。当这种造园风格盛行时，英国过去的许多出色的文艺复兴和勒诺特式园林都被平毁而改造成为自然风景园。这种自然风景园与规则式园林相比，虽然突出了自然景观方面的特征，但由于多为模仿和抄袭自然风景和风景画，以至于经营园林虽然耗费了大量人力和资金，而所得到的效果与原始的天然风景并无多大区别，虽源于自然但未必高于自然，因此引起人们的反感。造园家勒普敦主张在建筑周围运用花坛、棚架、栅栏、台阶等装饰性布置，作为建筑物向自然环境的过渡，而把自然风景作为各种装饰性布置的壮丽背景。因此，在他设计的园林中又开始使用台地、绿篱、人工理水、植物整形修剪以及日晷、鸟舍、雕像等的建筑小品，特别注意树的外形与建筑形象的配合衬托以及虚实、色彩、明暗的比例关系。在英国自然风景园的发展过程中，除受到欧洲资本主义思潮的影响外，也受到中国园林艺术的启发。英国皇家建筑师钱伯斯两度游历中国，归来后著文盛谈中国园林并在他所设计的丘园（Kew Gaden）中首次运用所谓"中国式"的手法。在该园中建有中国传统形式的亭、廊、塔等园林建筑小品。

6..美国现代园林

美国建国不久，故缺乏特别风格的园林形式。美国建国后生活渐趋安定，于东部开始盛行英国自然风景园，其形式及材料完全抄袭英国，此外意、法、德等式亦前后传入美国，而在美国西部和南部则为西班牙式园林。

现代园林可以美国为代表，美国殖民时代，接受各国的庭园式样，有一时期风行古典庭园，独立后渐渐具有其风格，但大抵而言，仍然是混合式的。因此，美国园林的发展，着重于城市公园及个人住宅花园，倾向于自然式，并将建设乡土风泉区的目的扩大于教育、保健和休养。美国城市公园的历史可追溯到 1634~1640 年，英国殖民时期波士顿市政当局曾作出决定，在市区保留某些公共绿地，一方面是为了防止公共用地被侵占，另一方面是为市民提供娱乐场地。他强调公园建设要保护原有的优美自然景观，避免采用规划式布局：在公园的中心地段保留开朗的草地或草坪；强调应用乡土树种，并在公园边界栽植浓密的树丛或树林：利用徐缓曲线的园路和小道形成公园环路，有主要园路可以环游整个公园：并由此确立美国城市公园建设的基本原则。美国城市公园有平缓起伏的地形和自然式水体：有大面积的草坪和稀树草地、树丛、树林，并有花丛、花台、花坛；有供人散步的园路和少量建筑、雕塑和喷泉等。城市公园里的园林建筑和园林小品有仿古典式的和现代各流派的作品，最引入注目的是大多数公园里都布置北美印第安人的图腾柱，这或许是美国城市公园中的一个重要标志吧。

三、现代园林与园林建筑发展趋势

人类的思想、心理及需要随着社会的发展都不断地改变，园林也与其他所有的文化一样在变。现代园林由于服务对象不同了，园林范围更加广阔，内容更为丰富，尤其是随着人与环境矛盾的日益突出，现代园林不单纯是作为游憩的场所，而应把它放在环境保护、生态平衡的高度来对待。现代社会，随着社会经济的不断发展，人们的物质生活水平得到了大幅度的提高，工作时间的缩短以及便捷的交通条件，都为人们提供了良好的外出观光游览的有利条件，人们渴望欣赏优美的园林景观，享受大自然的激情越来越强烈，促使园林事业的发展比历史上任何时期都更加迅猛。正是基于社会和人类的这种强烈的需求，现代园林与园林建筑发展就应该更适合于现代人生活，满足人们的各种需求，因此，现代园林与园林建筑发展趋势应体现在以下几个方面：

1.合理利用空间

由于人口增加，土地使用面积相对减少，园林建设中十分注意对有限空间的合理利用，提高空间的利用率。在造园实践中，不仅要合理利用各种大小不同的空间，而且还要从死角中去发掘出额外的空间来。

2.园林的内涵在扩大

现代园林注重人们户外生活环境的创造，从过去纯观赏的概念转回到重视园林的环境保护、生态效益、游憩、娱乐等综合功能上来，现代园林成为人们生活环境的组成部分，再不纯是为美观而设置。

3.园林的形式简单而抽象

现代社会，人们的生活节奏在加快，古典园林中那种繁杂细腻的构图形式不能适应现代人的审美需求，现代园林的设计讲求简单而抽象，所以在现代的园景中，我们常常可以见到大片的花、大片的树和草地。另外，在园林设计中由于受其他艺术的影响，园林创作也注意表现主观的创意、现代感的造型、现代感的线条，不但出现许多新颖的雕塑，即便是道路、玩具或其他实用设施，也都抽象起来了。

4.造园材料更复杂

随着科学的发展，许多科研新产品不断被应用在园林中。如利用生物工程技术培育出来的大量抗逆性强的观赏植物新品种，极大地丰富了现代园林中的植物材料；塑料、充气材料的发明和应用，促进了现代园林中建筑物向轻型化、可移动、可拆卸的方面发展。

5.造园材料企业化

受工业生产中规模化、标准化的影响，各国开始盛行造园材料企业化生产，不但苗木可以大规模经营，就是儿童玩具、造园装饰品及其他材料，也多由工厂统一制造，这样做的弊端是丧失了艺术的创意，但在价值上及数量上却是改进不少。

7.采用科学的方法进行园林建筑设计

过去的观念是将造园当作艺术品那样琢磨，如今的园林及建筑设计却是采用科学的方法，设计前要先进行调查分析，设计后还要根据资料进行求证，然后再配合科学技术来施工完成，所以说现代园林设计已从艺术的领域走向科学的范畴了。

第二章 园林建筑构图原则

建筑构图必须服务于建筑的基本目的，即为人们建造美好的生活和居住的使用空间，这种空间是建筑功能与工程技术和艺术技巧结合的产物，都需要符合适用、经济、美观的基本原则，在艺术构图方法上也都要考虑诸如统一、变化、尺度、比例、均衡、对比等原则。然而，由于园林建筑与其他建筑类型在物质和精神功能方面有许多不同之处，因此，在构图方法上就与其他类型的建筑有所差异，有时在某些方面表现得更为突出，这正是园林建筑本身的特征。园林建筑构图原则概括起来有以下几个方面：统一、对比、均衡、韵律、比例、尺度、色彩。接下来我们将详细进行说明。

第一节 统一

园林建筑中各组成部分，其体形、体量、色彩、线条、风格具有一定程度的相似性或一致性，给人以统一感。可产生整齐、庄严、肃穆的感觉，与此同时，为了克服呆板、单调之感，应力求在统一之中有变化。

在园林建筑设计中，大可不必为搞不成多样的变化而担心，即用不着惦记组合成所必需的各种不同要素的数量，园林建筑的各种功能会自发形成多样化的局面，当要把园林建筑设计得能够满足各种功能要求时，建筑本身的复杂性势必会演变成形式的多样化，甚至一些功能要求很简单的设计，也可能需要一大堆各不相同的结构要素，因此，一个园林建筑设计师的首要任务就应该是把那些势在难免的多样化组成引人入胜的统一方式。

园林建筑设计中获得统一的方式有：

1.形式统一

颐和园的建筑物，都是按当时的《清代营造则例》中规定的法式建造的。木结构、琉璃瓦、油漆彩画等，均表现出传统的民族形式，但各种亭、台、楼、阁的体形、体量、功能等，都有十分丰富的变化，给人的感觉是既多样又有形式的统一感。除园林建筑形式统一之外，在总体布局上也要求形式上的统一（图 2-1）。

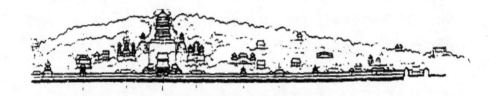

图 2-1 北京颐和园湾万寿山前山布局

2.材料统一

园林中非生物性的布景材料，以及由这些材料形成的各类建筑及小品，也要求统一。例如同一座园林中的指路牌、灯柱、宣传画廊、座椅、栏杆、花架等，常常是具有机能和美学的双重功能，点缀在园内制作的材料都需要是统一的。

3.明确轴线

建筑构图中常运用轴线来安排各组成部分间的主次关系。轴线可强调位置，主要部分安排在主轴上，从属部分则在轴线的两侧或周围。轴线可使各组成部分形成整体，这时等量的二元体若没有轴线则难以构成统一的整体。

4.突出主体

同等的体量难以突出主体，利用差异作为衬托，才能强调主体，可利用体量大小的差异，高低的差异来衬托主体，由三段体的组合可看出利用衬托以突出主体的效果。在空间的组织上，也同样可以用大小空间的差异与衬托来突出主体。通常，以高大的体量突出主体，是一种极有成效的手法，尤其在有复杂的局部组成中，只有高大的主体才能统一全局。

第二节 对比

在建筑构图中利用一些因素（如色彩、体量、质感）的程度上的差异来取得艺术上的表现效果。差异程度显著的表现称为对比。对比使人们对造型艺术品产生深刻的和强烈的印象。

对比使人们对物体的认识得到夸张，它可以对形象的大小、长短、明暗等起到夸张作用。在建筑构图中常用对比取得不同的空间感、尺度感或某种艺术上的表现效果。

1.大小对比

一个大的体量在几个较小体量的衬托下，大的会显得更大，小的则更显小。因此，在建筑构图中常用若干较小的体量来与一个较大的体量进行对比，以突出主体，强调重点。在纪念性建筑中常用这种手法取得雄伟的效果。如广州烈士陵园南门两测小门与中央大门形成的对比（图 2-2）。

图 2-2 广州烈士陵园南门

2.方向的对比

方向的对比同样得到夸张的效果。在建筑的空间组合和立面处理中，常常用垂直与水平方向的对比以丰富建筑形象。常用垂直上的体型与横向展开的体型组合在一座建筑中，以求体量上不同方向的夸张。横线条与直线条的对比，可使立面划分更丰富。但对比应恰当，不恰当的对比即表现为不协调

3.虚实的对比

建筑形象中的虚实，常常是指实墙与空洞（门、窗、空廊）的比。在纪念性建筑中常用虚实对比造成严肃的气氛。有些建筑由于功能要求形成大片实墙，但艺术效果上又不需要强调实墙面的特点，则常加以空廊或作质地处理，以虚实对比的方法打破实墙的沉重与闭塞感。

实墙面上的光影，也造成虚实对比的效果。

4.明暗的对比

在建筑的布局中可以通过空间疏密、开朗与闭锁的有序变化，形成空间在光影、明暗方面产生的对比，使空间明中有暗，暗中有明，引人入胜。

5.色彩的对比

色相对比是指两个相对的补色为对比色，如红与绿、黄与紫等。或指色度对比，即颜色深浅程度的对比。在建筑中色彩的对比，不一定要找对比色，而只要色彩差异明显的即有对比的效果。中国古典建筑色彩对比极为强烈，如红柱与绿栏杆的对比，黄屋顶与红墙、白台基的对比。

第三节 均衡

在视觉艺术中，均衡是任何现实对象中都存在的特性，均衡中心两边的视觉趣味中心，分量是相当的。

由均衡所造成的审美方面的满足，似乎和眼睛"浏览"整个物体时的动作特点有关。假如眼睛从一边向另一边看去，觉得左右两半的吸引力是一样的，人的注意力就会像摆钟一样来回游荡，最后停在两极中间的一点上。如果把这个均衡中心有力地加以标定，以致使眼睛能满意地在上面停息下来，这就在观者的心目中产生了一种健康而平静的瞬间。

由此可见，具有良好均衡性的艺术品，必须在均衡中心予以某种强调，或者说，只有容易察觉的均衡才能令人满足。建筑构图应当遵循这一自然法则。建筑物的均衡，关键在于有明确的均衡中心（或中轴线），如何确定均衡中心，并加以适当的强调，这是构图的关键。

均衡有两种类型:: 对称均衡与不对称均衡。

1.对称均衡

在这类均衡中，建筑物对称轴线的两旁是完全一样的，只要把均衡中心以某种巧妙的手法来加以强调，立刻给人一种安定的均衡感。

2.不对称均衡

不对称均衡要对称均衡的构图更需要强调均衡中心，要在均衡中心加上一个有力的"强音"。另外，也可利用杠杆的平衡原理，一个远离均衡中心、意义上较为次要的小物体，可以用靠近均衡中心意义上较为重要的大物体来加以平衡。

均衡不仅表现在立面上，而且在平面布局上、形体组合上都应该加以注意。

第四节 韵律

在视觉艺术中，韵律是任何物体的诸元素成系统重复的一种属性，而这些元素之间具有可以认识的关系。在建筑构图中，这种重复当然一定是由建筑设计所引起的视觉可见元素的重复。如光线和阴影，不同的色彩、支柱、开洞及室内容积等，一个建筑物的大部分效果，就是依靠这些韵律关系的协调性、简洁性以及威力感来取得的。园林中的走廊以柱子有规律的重复形成强烈的韵律感。

建筑构图中韵律的类型大致有：

1.连续韵律

是指在建筑构图中由于一种或几种组成部分的连续重复排列而产生的一种韵律。连续韵律可作多种组合：

（1）距离相等、形式相同，如柱列；或距离相等，形状不同，如园林展窗。

（2）不同式交替出现的韵律，如立面上窗、柱、花饰等的交替出现。

（3）上，下层不同变化而形成的韵律，并有互相对比与衬托的效果。

2.渐变韵律

在建筑构图中其变化规则在某一方面作有规律的递增或作有规律的递减所形成的规律。如中国塔是典型的向上递减的渐变韵律。

3.交错韵律

在建筑构图中，各组成部分作有规律地纵横穿插或交错产生的韵律。其变化规律按纵横两个方向或多个方向发展，因而是一种较复杂的韵律，花格图案上常出现这种韵律。

第五节 比例

比例是各个组成部分在尺度上的相互关系及其与整体的关系。建筑物的比例包含两方面的意义，一方面是指整体上（或局部构件）的长、宽、高之间的关系；另一方面是指建筑物整体与局部（或局部与局部）之间的大小关系。园林建筑推敲比例与其他类型的建筑有所不同，一般建筑类型只需推敲房屋内部空间和外部体形从整体到局部的比例关系，而园林建筑除了房屋本身的比例外，园林环境中的水、树、石等各种景物，因需人工处理也存在推敲其形状、比例问题。不仅如此，为了整体环境的谐调，还特别需要重点推敲房屋和水、树、石等景物之间的比例谐调关系。

影响建筑比例的因素有：

1.建筑材料

古埃及用条石建造宫殿，跨度受石材的限制，所以廊柱的间距很小；以后用砖结构建造拱券形式的房屋，室内空间很小而墙很厚；用木结构的长远年代中屋顶的变化才逐渐丰富起来；近代混凝土的崛起，一扫过去的许多局限性，突破了几千年的老框框，园林建筑也为之丰富多彩，造型上的比例关系也得到了解放。

2.建筑的功能与目的

为了表现雄伟，建造宫殿、寺庙、教堂、纪念堂等都常常采取大的比例，某些部分可能超出人的生活尺度要求。借以表现建筑的崇高而令人景仰，这是功能的需要远离了生活的尺度。这种效果以后又被利用到公共建筑、政治性建筑、娱乐性建筑和商业性建筑性，以达到各种不同的目的。

3.建筑艺术传统和风俗习惯

如中国廊柱的排列与西洋的就不相同，它具有不同的比例关系。我国江南一带古典园林建筑造型式样轻盈清秀是与木构架用材纤细,如细长的柱子、轻薄的屋顶、高翘的屋角、纤细的门窗栏杆细部纹样等在处理上采用一种较小的比例关系分不开的。同样,粗大的木构架用材,如较粗壮的柱子、厚重的屋顶、低缓的屋角起翘和较粗实的门窗栏杆细部纹样等采用了较大的比例,因而构成了北方皇家园林浑厚端庄的造型式样及其豪华的气势。现代园林建筑在材料结构上已有很大发展,以钢、钢筋混凝土、砖石结构为骨架的建筑物的可塑性很大,非特别情况不必去抄袭模仿古代的建筑比例和式样,而应有新的创造。在其中,如能适当内涵一些民族传统的建筑比例韵味,取得神似的效果,亦将会别开生面。

4.周围环境

园林建筑环境中的水、树姿、石态优美与否是与它们本身的造型比例,以及它们与建筑物的组合关系紧密相关的,同时它们受着人们主观审美要求的影响。水本无形,形成于周界,或溪或池,或涌泉或飞瀑因势而别;树木有形,树种繁多,或高直或低平,或粗壮对称,或婀娜

斜探,姿态万千;山石亦然,或峰或峦,或峭壁或石矶,形态各异。这些景物本属天然,但在人工园林建筑环境中,在形态上究竟采取何种比例为宜,则决定于与建筑在配合上的需要;而在自然风景区则情形相反,是以建筑物配合山水、树石为前提。在强调端庄气氛的厅堂建筑前宜取方整规则比例的水池组成水院;强调轻松活泼气氛的庭院,则宜曲折随意地组织池岸,亦可仿曲溪沟泉瀑,但需与建筑物在高低、大小、位置上配合谐调。树石设置,或孤植、群植,或散布、堆叠,都应根据建筑画面构图的需要认真推敲其造型比例。(图2-3)

图2-3 天津水上公园

第六节 尺度

　　和比例密切相关的另一个建筑特性是尺度。在建筑学中，尺度这一特性能使建筑物呈现出恰当的或预期的某种尺寸，这是一个独特的似乎是建筑物本能上所要求的特性。我们都乐于接受大型建筑或重点建筑的巨大尺寸和壮丽场面，也都喜欢小型住宅亲切宜人的特点。寓于物体尺寸中的美感，是一般人都能意识到的性质，在人类发展的早期，对此就已经有所觉察。所以，当人们看到一座建筑物尺寸和实际应有尺寸完全是两码事的时候，人们本能地会感到扫兴或迷惑不解。

　　因此，一个好的建筑要有好的尺度，但好的尺度不是唾手可得的，而是一件需要苦心经营的事情，并且，在设计者的头脑里对尺度的考虑必须支配设计的全过程。要使建筑物有尺度，必须把某个单位引到设计中去，使之产生尺度，这个引入单位的作用，就好像一个可见的标杆，它的尺寸，人们可简易、自然和本能地判断出来，与建筑整体相比，如果这个单位看起来比较小，建筑就会显得大：若是看起来比较大，整体就会显得小。

　　人体自身是度量建筑物的真正尺度，也就是说，建筑的尺寸感，能在人体尺寸或人体动作尺寸的体会中最终分析清楚。因此，常用的建筑构件必须符合人们的使用要求而具有特定的标准，如栏杆、窗台为 1m 高左右，踏步为 15cm 左右，门窗为 2m 左右，这些构件的尺寸一般是固定的，因此，可作为衡量建筑物大小的尺度。

　　尺度与比例之间的关系是十分亲切的。良好的比例常根据人的使用尺寸的大小所形成，而正确的尺度感则是由各部分的比例关系显示出来的。

　　园林建筑构图中尺度把握的正确与否，其标准并非绝对，但要想取得比较理想的亲切尺度，可采用以下方法：

1.缩小建筑构件的尺寸，取得与自然景物的谐调

　　中国古典园林中的游廊，多采用小尺度的做法，廊庭宽度一般在 1.5m

左右，高度伸手可及横楣，坐凳栏杆低矮，游人步入其中倍感亲切。在建筑庭园中还常借助小尺度的游廊烘托突出较大尺度的厅、堂之类的主体建筑，并通过这样的尺度来取得更为生动活泼的谐调效果（图 2-4）。要使建筑物和自然景物尺度谐调，还可以把建筑物的某些构件如柱子、屋面、基座、踏步等直接用自然山石、树枝、树皮等来替代，使建筑与自然景物得以相互交融。四川青城山有许多用原木、树枝、树皮构筑的亭、廊，与自然景色十分贴切，尺度效果亦佳。现代一些高层大体量的旅馆建筑，亦多采用园林建筑的设计手法，在底层穿插布置一些亭、廊、榭、桥等，用以缩小观景的视野范围，使建筑和自然景物之间互为衬托，从而获得室外空间亲切宜人的尺度。

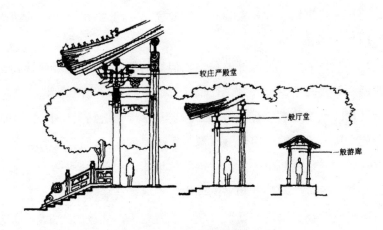

图 2-4 古代建筑廊庭尺度的比较

2.控制园林建筑室外空间尺度，避免因空间过于空旷或闭塞而削弱景观效果。

这方面，主要与人的视觉规律有关：一般情况，在各主要视点赏景的控制视锥为 60°~90°，或视角比值 H:D（H 为景观对象的高度，在园林建筑中不只限于建筑物的高度，还包括构成画面中的树木、山丘等配景的高度，D 为视点与景观对象之间的距离）约在 1:1 至 1:3 之间。若在庭院空间中各个主要视点观景，所得的视角比值都大于 1:1，则将在心理上产生紧迫和闭塞的感觉；如果小于 1:3，这样的空间又将产生散漫和空旷的感觉。一些优秀的古典庭园，如苏州的网师园、北京颐和园中的谐趣园、北海画舫斋等的庭院空间尺度基本上都是符合这些视觉规律的故宫乾隆花园以堆山为主的两个庭院，四周为大体量的建筑所围绕，在小面积的庭院中堆勘的假山过满过高，致使处于庭院下方的观景视角偏大，给人以闭塞的感觉，而当人们登上假山赏景的时候，却因这时景观视角的改变，不仅觉得亭子尺度适宜，而且整个上部庭院的空间尺度也显得亲切，不再有紧迫压抑的感觉。

第七节 色彩

　　色彩的处理与园林空间的艺术感染力有密切的关系。形、声、色、香是园林建筑艺术意境中的重要因素，其中形与色范围更广，影响也较大，在园林建筑空间中，无论建筑物、山、石、水体、植物等主要都以其形、色动人。园林建筑风格的主要特征大多也表现在形和色两个方面。我国传统园林建筑以木结构为主，但南方风格体态轻盈，色泽淡雅：北方则造型浑厚，色泽华丽。现代园林建筑采用玻璃、钢材和各种新型建筑装饰材料，造型简洁、色泽明快，引起了建筑形、色的重大变化，建筑风格正以新的面貌出现。园林建筑的色彩与材料的质感有着密切的联系。色彩有冷暖、浓淡的差别，色的感情和联想及其象征的作用可给人以各种不同的感受。质感则主要表现在景物外形的纹理和质地两个方面。纹理有直曲、宽窄、深浅之分：质地有粗细、刚柔、隐显之别。质感虽不如色彩能给人多种情感上的联想、象征，但它可以加强某些情调上的气氛。色彩和质感是建筑材料表现上的双重属性，两者相辅共存，只要善于去发现各种材料在色彩、质感上的特点，并利用韵律、对比、均衡等各种构图变化，就有可能获得良好的艺术效果。

第三章 园林建筑的空间处理

第一节 空间的概念

人们的一切活动都是在一定的空间范围内进行的。其中，建筑空间（包括室内空间、建筑围成的室外空间、以及两者之间的过渡空间）给予人们的影响和感受最直接、最经常、最重要。

人们从事建造活动，花力气最多、花钱最多的地方是在建筑物的实体方面：基础、墙垣、屋顶等，但是人们真正需要的却是这些实体的反面，即实体所范围起来的"空"的部分，即所谓"建筑空间"。因此，现代建筑师都把空间的塑造作为建筑创作的重点来看待。

中国和西方在建筑空间的发展过程中，曾走过两条相当不同的道路。西方古代石结构体系的建筑，成团块状地集中为一体，墙壁厚厚的，窗洞小小的，建筑的跨度受到石料的限制而内部空间较小，建筑艺术加工的重点自然放到了"实"的部位。建筑和雕塑总是结合为一体，追求一种雕塑性的美，因此人们的注意力也自然地集中到了所触及的外表形式和装饰艺术上。后来发展了拱券结构，建筑空间得到了很大程度的解放，于是建造起了像罗马的万神庙、公共浴场、哥德式的教堂，以及有一系列内部空间层次的公共建筑物，建筑的空间艺术有了很大发展，内部空间尤其发达，但仍未突破厚重实体的外框。我国传统的木构架建筑，由于受到木材及结构本身的限制，内部的建筑空间一般比较简单，单体建筑比较定型。布局上，总是把各种不同用途的房间分解为若干幢单体建筑，每幢单体建筑都有其特定的功能与一定的"身份"，以及与这个"身份"相适应的位置，然后以庭院为中心，以廊子和墙为纽带把它们联系为一个整体。因此，就发展成了以"四合院"为基本单元形式的、成纵横向水平铺开的群体组合。庭院空间成为建筑内部空间的一种必要补充，内部空间与外部空间的有机结合成为建筑规划设计的主要内容。建筑艺术处理的重点，不仅表现在建筑结构本身的美化、建筑的造型及少量的附加装饰上，而是更加强调建筑空间的艺术效果，更精心地追求一种稳定的空间序列层次发展所获得的总体感受。我国古代的住宅、寺庙、宫殿等，大体都是如此。我国的园林建筑空间，为追求与自然山水相结合的意趣，把建筑与自然环境更紧密地配合，因而更加曲折变化、丰富多彩。

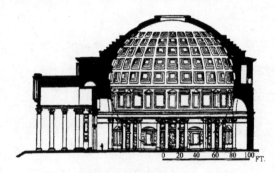

图 3-1 罗马万神庙剖面图

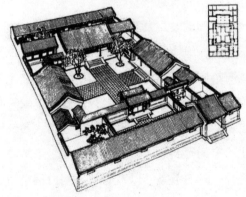

图 3-2 北京四合院

由此可见，除了建筑材料与结构形式上的原因外，由于中国与西方人对空间概念的认识不同，即形成两种截然不同的空间处理方式，产生了代表两种不同价值观念的建筑空间形式。

第二节 空间的类型

人们都生活在一定的空间环境之中，人对空间的感受主要是通过视觉而引起的，因此，我们讨论的也主要是视觉空间。人从一个视点横扫四周，视线被景物所阻挡而构成一定的视觉界面，这些视觉界面所限定的范围就是我们所能感受到的空间。当然，推而广之，天地二面也应该包括在界面之内。因此，人们能够感受到的空间，可以是近在咫尺，也可以是浩瀚无际的。

人们对于空间的感受到底是怎样的？到底有多少种？我国的诗人、画家说得很多，但多是抒发他们的情感，描写了一些只可意会难以言传的意境，对建筑师、造园家来说难以把握，更难以表达。唐代的柳宗元对自然空间的感受概括为两点：："旷如也，奥如也，如斯而已。"他一下子提纲挈领抓住了要害，我们所能感受到的空间，无论如何千变万化，也离不开这两种基本的类型：旷与奥、开与合、敞与闭，如此而已。

园林建筑空间也是这两种基本类型的派生和演变。空间跟随着生活，多种多样的生活就要求多种多样的空间。人们在园林内的活动，要求"可望、可行、可游、可居"，当然就要求创作出与这种需要相适应的园林空间。要"望"、要"行"，就要有供远眺的开放空间，又要有供近赏的庭园空间，还要有游廊这样的连续的流通空间：要有静态空间，又要有动态空间，要"游"、要"居"，就要有室内空间，也要有室外空间，有公共性的活动空间，又有私密性的独立空间。把这种空间上的大与小、静与动、敞与闭、室内与室外、公共性与私密性，按人的活动节奏、视觉特点和美的规律巧妙地组合起来，就是人们获得园林空间美感的根本奥秘。

园林建筑空间的组合，主要依据总体规划上的布局要求，按照具体环境的特点及使用功能上的需要而采取不同的方式。园林建筑空间形式概括起来有以下几种基本类型：

一、内向空间

这是一种以建筑、走廊、围墙四面环绕，中间为庭院，而以山水、小品、植物等素材加以点缀，形成的一种内向、静雅的空间形态。这种空间最典型的方式就是四合院式。

我国的住宅，从南到北多采用这种庭院式的布局。由于地理气候上的差异，南方的住宅庭院布局比较机动灵活，庭院、小院、天井等穿插布置于住房的前后左右；室内外空间联系十分密切，有的前庭对着开敞的内厅，完全成为内部空间延伸到室外的一个组成部分；为防止夏季日晒，庭院空间在进深上一般较小。北方典型的四合院或庭院一般比较规整，常以中轴线来组织建筑物以形成"前堂后寝"的格局，主要建筑都位于中轴线上，次要建筑分立两旁；用廊、墙等将次要建筑环绕起来，根据需要组成以纵深配置为主、以左右跨院为辅、一进进的院落空间；为争取日照，院落比南方大。这种布局形式当然也很适合于长幼有序、内外有别、主从关系分明的封建宗法观念和宗族制度的需要。

二、外向空间

这种空间最典型的是建于山顶、山脊、岛屿、堤岸等地的园林建筑所形成的开敞空间类型。这类建筑物常以单体建筑的形式布置于具有显著特征的地段上，起着点景和观景的双重作用。由于是独立建置，建筑物完全融合于自然环境之中，四面八方都向外开敞，在这种情况下，建筑布局主要考虑的是能够取得建筑美与自然美的统一。这类建筑物随着环境的不同而采取不同的形式，但都是一些向外开敞、空透的建筑形象。例如，临湖地段由于面向大片水面，常布置亭、榭、舫、桥亭等比较轻盈活泼的建筑形式，基址三面或四面伸入水中，使与水面更紧密地结合，既便于观景，又成为水面景观的重要点缀。位于山顶、山脊等地势高敞地段上的建筑物，由于空间开阔，视野展开面大，因此常建亭、楼、阁等建筑，并辅以高台、游廊组成开敞性的建筑空间，可登高远望，四面环眺，收纳周围景色，有些塔也属这种形式。

在山坡与山麓地带，地势有较大的起伏，常以叠落的平台、游廊来联系位于不同标高上的两组游赏性建筑物。两头的景观特点可以有所不同，可以用各种的开敞性建筑组成静观的停顿点，从游廊的这一头到那一头则可以进行动态的观赏，获得步移景换的变化效果。这种开敞性建筑群的布局通常是十分灵活多变的，建筑物参差错落的体型与环境的紧密结合能取得十分生动的构图效果。围绕水面、草坪、大树、休息场地布置的游廊、敞轩等建筑物，也常取开敞性的布局形式，以取得与外部空间的紧密联系。

总之，开敞性的外向园林建筑空间最常出现在自然风景园林和结合真山真水的大型园林中，而在一些范围较小的私家园林中较少应用，但偶尔也可见到。

三、内外空间

通常，由园林建筑所创造出的空间形态，运用最多的是内外空间。这类空间兼有内向空间与外向空间两方面的优点，既具有比较安静，以近观近赏为主的小空间环境，又可通过一定的建筑部位观赏到外界环境的景色。造型上因为有闭有敞而虚实相间，形成富有特色的建筑群体。建筑布局多顺乎地形地貌的特征，自由活泼地相机布置，一般把主体建筑布置于重点部位，周围以廊、墙及次要建筑相环绕，内外空间流通渗透，轻巧灵活，具有浓厚的园林建筑气氛。北京颐和园画中游建筑布置于万寿山之阳坡，利用爬山廊结合地形，将画中游与东西两侧借秋楼、爱山楼以及后部澄晖阁紧紧地联系起来。爬山廊内侧设柱，外侧设墙，庭院空间内聚，极便于观赏假山、石牌坊及花木等景物。而楼阁建筑对外部分通透，空间外向，便于观赏湖光山色，成为颐和园西部主要观赏点。面积较小的私家园林有时也有这种空间形式，如苏州沧浪亭虽处于市井之地，但利用园外临水的特殊条件，将空间处理成内向与外向相结合的形式。巧妙地采用借景的手法，扩大了园林的空间尺度，收到良好的效果。

第二节 空间的处理手法

人们在园林中游赏时对客观环境所获得的认识和感受,除了山水、花木、建筑等实体的形象、色彩、质感外,主要是通过视域范围内形成的空间所给予的,不同的空间产生不同的情感反映。在园林建筑设计中,依据我国传统的美学观念与空间意识——美在意境,虚实相生,以人为主,时空结合——而总是把空间的塑造放在最重要的位置上。当建筑物作为被观赏的景观时,重在其本身造型美的塑造及其与周围环境的配合;而当建筑物作为围合空间的手段和观赏景物的场所时,侧重在建筑物之间的有机结合与相互贯通,侧重人、空间、环境的相互作用与统一。中国园林建筑正是受这种思维模式的影响,创造出了丰富变幻的空间形式,这些美妙空间的形成得益于灵活、多样的空间处理手法,它们主要包括空间的对比、空间的渗透以及空间的序列几个方面。

一、空间的对比

为创造丰富变化的园景和给人以某种视觉上的感受,中国园林建筑的空间组织,经常采用对比的手法。在不同的景区之间,两个相邻而内容又不尽相同的空间之间,一个建筑组群中的主、次空间之间,都常形成空间上的对比。其中主要包括:空间大小的对比,空间虚实的对比,次要空间与主要空间的对比,幽深空间与开阔空间的对比,空间形体上的对比,建筑空间与自然空间的对比等。

1.空间大小的对比

将两个显著不同的空间相连接,由小空间进人入大空间便衬得后者更为扩大的做法,是园林空间处理中为突出主要空间而经常运用的一种手法。这种小空间可以是低矮的游廊,小的亭、榭,不大的小院,一个以树木、山石、墙垣所环绕的小空间,其位置一般处于大空间的边界地带,以敞口对着大空间，取得空间的连通和较大的进深。当人们处于任何一种空间环境中时，总习惯于寻找到一个适合于自己的恰当的"位置"，在园林环境中，游廊、亭轩的坐凳，树荫覆盖下的一块草坪，靠近叠石、墙垣的坐椅，都是人们乐于停留的地方。人们愿意从一个小空间中去看大空间，愿意从一个安定的、受到庇护的小环境中去观赏大空间中动态的、变化着的景物。因此，园林中布置在周边的小空间，不仅衬托和突出了主体空间，给人以空间变化丰富的感受，而且也很适合于人们在游赏中心理上的需要，因此这些小空间常成为园林建筑空间处理中比较精彩的部分。

空间大小对比的效果是相对的，它是通过大小空间的转换，在瞬时产生大小强烈的对比，会使那些本来不太大的空间显得特别开阔。例如苏州古典园林中的留园,网师园等利用空间大小强烈对比而获得小中见大的艺术效果，就是典型的范例。

2.空间形状不同的对比

园林建筑空间形状对比，一是单体建筑之间的形状对比，二是建筑围合的庭院空间的形状对比。形状对比主要表现在平、立面形式上的区别。方和圆、高直与低平、规则与自由，在设计时都可以利用这些空间形状上互相对立的因素来取得构图上的变化和突出重点。从视觉心理上说，规矩方正的单体建筑和庭园空间易于形成庄严的气氛；而比较自由的形式，如三角形、六边形、圆形和自由弧线组合的平、立面形式，则易形成活泼的气氛。同样，对称布局的空间容易给人以庄严的印象；而不对称布局的空间则多为一种活泼的感受。庄严或活泼，主要取决于功能和艺术意境的需要。传统私家园林，主人日常生活的庭院多取规矩方正的形状;憩息玩赏的庭院则多取自由形式。从前者转入入后者时，由于空间形状对比的变化，艺术气氛突变而倍增情趣。形状对比需要有明确的主从关系，一般情况主要靠体量大小的不同来解决。如北海公园里的白塔和紧贴前面的重檐琉璃佛殿，体量上的大与小、形状上的圆与方、色彩上的洁白与重彩、线条上的细腻与粗旷，对比都很强烈，艺术效果极佳。

3.空间明暗虚实的对比

利用明暗对比关系以求空间的变化和突出重点，是园林建筑空间处理中常用的手法。在日光作用下，室外空间与室内空间存在着明暗现象，室内空间愈封闭，明暗对比愈强烈，即使是处于室内空间中，由于光的照度不均匀匀，也可以形成一部分空间和另一部分空间之间的明暗对比关系。在利用明暗对比关系上，园林建筑多以暗托明，明的空间往往为艺术表现的重点或兴趣中心。我国传统的园林空间处理中常常利用天然或人工洞穴所造成的暗空间作为联系建筑物的通道，并以之衬托洞外的明亮空间，通过这种一明一暗的强烈对比，在视觉上可以产生一种奇妙的艺术情趣。有时，建筑空间的明暗关系又同时表现为虚实关系。如墙面和洞口、门窗的虚实关系，在光线作用下，从室内往外看，墙面是暗，洞口、门窗是明；从室外往里看，则墙面是明，洞口、门窗是暗。园林建筑中非常重视门窗洞口的处理，着重借用明暗虚实的对比关系来突出艺术意境。

4.建筑与自然景物的对比

在园林建筑设计中，严整规则的建筑物与形态万千的自然景物之间包含着形、色、质感种种对比因素，可以通过对比突出构图重点获得景效。建筑与自然景物的对比，也要有主有从，或以自然景物烘托突出建筑，或以建筑烘托突出自然景物，使两者结合成谐调的整体。风景区的亭榭空间环境，建筑是主体，四周自然景物是陪衬，亭、榭起点景作用。有些用建筑物围合的庭院空间环境，池沼、山石、树丛、花木等自然景物是赏景的兴趣中心，建筑物反而成了烘托自然景物的屏壁或背景。

园林建筑空间在大小、形状、明暗、虚实等方面的对比手法，经常互相结合，交叉运用，使空间有变化、有层次、有深度，使建筑空间与自然空间有很好的结合与过渡，以达到园林建筑实用的功能与造景两方面的基本要求。

二、空间的渗透

在园林建筑空间处理时，为了避免单调并获得空间的变化，常常采用空间相互渗透的方法。人们观赏景色，如果空间毫无分隔和层次，则无论空间有多大，都会因为一览无余而感到单调乏味：相反，置身于层次丰富的较小空间中，如果布局得体能获得众多美好的画面，则会使人在目不暇接的视觉感受过程中忘却空间的大小限制。因此，处理好空间的相互渗透，可以突破有限空间的局限性取得大中见小或小中见大的变化效果，从而得以增强艺术的感染力。如我国古代有许多名园，占地面积和总的空间体量并不大，但因能巧妙使用空间渗透的处理手法，造成比实用空间要广大得多的错觉，给人的印象是深刻的。

三、空间的序列

任何园林建筑物，为了证明它置身于优秀建筑的行列是当之无愧的，它的外观和内景对于有敏锐审美力和有观赏兴趣的观者来说，，就应是一个独特的、连续不断的审美体验。所以，作为空间艺术的园林建筑学，同时也是时间艺术;；园林建筑作为一个审美的实体，如同它存在于空间那样，也存在于时间之中。时间如同空间一样，构成了人类生活的必要条件。当人们处于园林环境中时，单调而重复的视觉环境，必然令人产生心理上的厌倦，造成枯燥乏味的感觉。人们偏爱空间的丰富变化，以引起兴趣和好奇心。因此，园林空间的组织就要给人们的这种心理欲望以某种必要的满足。精心地组织好空间的序列，就是经常采用的一种设计手法。

将一系列不同形状与不同性质的空间按一定的观赏路线有秩序地贯通、穿插、组合起来，就形成了空间上的序列。序列中的一连串空间，在大小、纵横、起伏、深浅、明暗、开合等方面都不断地变化着，它们之间既是对比的，又是连续的。人们观赏的园林景物，随时间的推移、视点位置的不断变换而不断变化。观赏路线引导着人们依次从一个空间转入另一个空间。随着整个观赏过程的发展，人们一方面保持着对前一个空间的记忆，一方面又怀着对下一个空间的期待，由局部的片断而逐步叠加，汇集成为一种整体的视觉感受。空间序列的后部都有其预定的高潮，而前面是它的准备。建筑师按园林建筑艺术目的，在准备阶段使人们逐渐酝酿一种情绪，一种心理状态，以便使作为高潮的空间得到最大限度的艺术效果。

第四章 园林景观设计溯源

在环境污染日益严重的今天，很多设计师回溯到古代，去追寻古人的园林设计理念和方法，其中中国古典园林因其独到的造园手法，对于自然、人类、环境三者关系的独特见地，在世界园林发展中独树一帜，并得到现代园林界的大力推崇。

第一节 中国古典园林的植物配置

一、中国古典园林植物应用及植物造景特点

（一）中国古典园林的植物应用

20世纪70年代，考古学家在浙江余姚河姆渡新石器文化遗址（约公元前4800多年）的发掘中，获得一块刻有盆栽花纹的陶块，由此推断，早在7000多年前我国就有了花卉栽培。《诗经》中也记载了对桃、李、杏、梅、榛、板栗等植物的栽培。2000多年前汉武帝时期，中亚的葡萄、核桃、石榴等植物已经被引入中国，并用于宫苑的装饰，比如上林苑设葡萄宫，专门种植引自西域的葡萄，扶荔宫则栽植南方的奇花异木，如菖蒲、山姜、桂花、龙眼、荔枝、槟榔、橄榄、柑橘类等植物。随着社会的发展，人们对于植物的使用也越来越广泛，从室内到室外，从王孙贵族到平常百姓，从节日庆典到宗教祭祀，无论何时、何地、何种园林形式，植物都成为其中不可或缺的要素，而植物配置的技法也随着中国园林的发展而逐步地完善，具体内容参见表4-1。

表 4-1 中国古典园林分类及其植物的应用

园林类型	特点	植物种类及其配置方式	作用
皇家园林	庄严雄浑	选用苍松翠柏等高大树木，植物采用自然式或者规则式配置方式	与色彩浓重的建筑物相映衬，体现了皇家园林气派
私家园林	朴素、淡雅、精巧、细致	选用小型植物，以及具有寓意的植物，如：梅、兰、竹、菊、玉兰，植物多采用自然式配置方式	创造城市山林野趣，体现主人高雅的气质
寺观园林	古朴、自然、庄重、曲奇	栽植松、柏、竹、兰、银杏、玉兰、桂花等，以及与教义有关的植物，如：菩提树、莲花等	创造一处静思、修行的空间，并供人游赏

（二）中国古典园林植物景观的特点

作为东方园林的典型代表，中国古典园林的植物配置经过长久的总结、验证、发展，形成了自己独有的特点，即自然、含蓄、精巧，如表 4-2 所示。

表 4-2 中国古典园林植物配置特点

特点	植物的选择	设计手法	景观效果
自然	造型自然优美的乡土植物	欲扬先抑、以小见大、借景	本于自然，高于自然
含蓄	具有形态美、意境美的植物	藏景、障景、透景、漏景等	藏而不露、峰回路转
精巧	尺度体量适宜、有着浓郁的文化氛围	借景、障景、透景、漏景、对景等	精在体宜、巧夺天工

1.自然

"师法自然"是中国古典园林的立足之本，也是植物造景的基本原则之一。首先，从植物选用及景观布局方面看，中国古典园林是以植物的自然生长习性、季相变化为基础，模拟自然景致，创造人工自然。清代陈淏子《花镜》中曾论述："如花之喜阳者，引东旭而纳西辉；花之喜阴者，植北圃而领南薰……。梅花标清，常宜疏篱、竹坞、曲栏、暖阁，红、白间植，古干横施。兰花品逸，花叶俱美。宜磁斗、文石，置之卧室、幽窗，可以朝、夕领其芳馥。桃花天冶，宜别墅、山隈、小桥、溪畔……"陈淏子认为"即使是药苗、野卉，皆可点缀，务使四时有不谢之花"。宋代文人欧阳修在守牧滁阳期间，筑醒心、醉翁两亭于琅琊幽谷，他命其幕客"杂植物花卉其间"，使园能够"浅深红白宜相间。先后仍须次第栽；我欲四时携酒去，莫教一日不花开"！可见当时的植物景观已经充分考虑了植物的季相变化。

另外，在景观的组织方面，古人也总结出一套行之有效的方法。如利用借景将自然山川纳入园中，或者利用欲扬先抑、以小见大等手法，造成视觉错觉，即使是在很小的空间中，也可以利用"三五成林"，创造出"咫尺山林"的效果。

2.含蓄

对于园林景观，古人最忌开门见山、一览无余，讲究的是藏而不露、峰回路转，运用植物进行藏景、障景、引景等是古典园林中最为常用的手法。

中国古代植物景观的含蓄不仅限于视觉上，更体现在景观内涵的表达方面——古人赋予了植物拟人的品格，在造景时，"借植物言志"也就比较常见了。比如扬州的个园，个园是清嘉庆年间两淮盐总黄至筠的私园，是在明代寿芝园旧址基础上重建而成，因园主爱竹，所以园中"植竹干竿"，清袁枚有"月映竹成千个字"之句，故名"个园"，在这成丛翠竹、优美景致之间，园主人也借竹表达了自己"挺直不弯，虚心向上"的处世态度。可见，在古人眼中，植物不仅仅是为了创造优美的景致，在其中还蕴含着丰富的哲理和深刻的内涵，这也是中国古典园林与众不同之处——意境的创造，正所谓"景有尽而意无尽"。

植物景观的意境源自于植物的外形、色彩，加之古人的想象，如杨柳依依表示对故土的眷恋，常常种在水边桥头，供人折柳相赠以示惜别之情；几杆翠竹则是文人雅士的理想化身，谦卑有节之意，更有宁折不弯、高风亮节之寄托，这种含蓄的表达介式使得一处园景不仅仅停留于表面的视觉效果，而是具有了深层次的文化内涵。当人们游赏其间，可以慢慢体会、回味，每一次都会有新的发现，这也正是中国古典园林为何经久不衰、愈久弥珍的重要原因之一。

3.精巧

无论是气势宏大的皇家园林，还是精致小巧的私家园林，在造园者缜密的构思下，每一处景致都做到了精致和巧妙。

"精"体现在用材选料和景观的组织上——精在休宜。中国古典园林中植物的选择是"少而精"，主体景观精选三两株大乔木进行点置，或者一株孤植，而植物的种植方面精选观赏价值高的乡土植物，较少种植引种植物，一方面保证了植物的生长，可以获得最佳的景观效果；另一方面也体现了地方特色。在景观的组织方面，按照观赏角度配置以不同体量、质感、色泽的植物，形成丰富的景观层次。

"巧"则体现在景观布局和构思上——巧夺天工。中国古典园林中，造园者对于每一株、每一组植物的布置都是巧妙的：有枫林遍布、温彩流丹；有梨园落英、轻纱素裹；有苍松翠柏、峰峦滴翠；有杨柳依依、婀娜多姿。植物花色、叶色的变化以及花形、叶形差异被巧妙地加以利用，力求与周围的建筑、水体、山石巧妙地结合，看似随意点置，实则独具匠心。可以说，造园者对园林景观中的每一细节都作了细致的推敲。扬州何园片石山房中的"水中月、镜中花"，利用山石叠出孔洞，借助光学原理在水中形成"月影"，景墙上设镜面，相对处栽植紫薇等植物，镜中影像似真似幻，虚实难辨。这一处景观无论是在景观布置上还是组景构思上都巧妙绝伦，不仅令人赏心悦目，而且富于哲理，耐人寻味。

中国古典园林植物配置的特点及其深层次的文化内涵，都值得我们进行深入的思考和研究，以便更好地理解古人的设计方法，做到古为今用。

二、中国传统文化对植物造景的影响

（一）哲学思想——天人合一

在漫长的历史进程中，中国传统的文化思想渗透到社会的方方面面，也包括植物造景。其中，"天人合一"的哲学思想与朴素的自然观成为造园者们遵循的重要原则。"天人合一"反映了人对自然的认识，也体现了中国传统的崇尚人与自然和谐共生的可持续发展的生态观。在这种质朴的哲学思想的指引下，返璞归真、向往自然成为一种风尚。

在中国传统哲学思想，尤其在"天人合一"思想的指导下，中国古典园林经历了从"走进自然，到模仿自然，再到神形兼备"的过程。在植物景观创造方面，古人借自然之物、仿自然之形、遵自然之理，而造自然之神，从而达到物与我、彼与己、内与外、人与自然的统一，创造"清水出芙蓉，天然去雕饰"之美。比如留园西部涂山，以秋叶树种枫香、鸡爪槭为主，突以秋季景观。除此之外，夹竹桃、迎春、桃、梅等小灌木作为搭配，柳、梧桐作点缀。枫香高大、鸡爪槭矮小，加之间距较大，两者生长互不干扰，花灌木处于林下或者林缘，也没有出现种间竞争的状况。整个景观"密中有疏，大小相间，高低错落，虽有人作，宛自天开"。

（二）文学、绘画——诗情画意

中国古代的文学、绘画对于植物配置也产生了深远的影响，其中绘画中的"三境界"观——生境、画境、意境，对植物造景的影响最大。中国山水画借笔墨以写天地，强调"外师造化、中得心源"，注重神似。而在植物景观的创造中，便可运用"神似"的画理，结合植物文化的内涵来塑造自然风光，创造的不仅是景，还有"境"——"意境"，正所谓"凡画山水，意在笔先"。因此，中国古典园林中的植物景观注重"写意方能传神"，植物不仅仅为了细化，而且还力求能入画，要具有画意，正如明代文人兼画家茅元仪所述，"园者，画之见诸行事也"。因此，江南私家园林中经常可见以白墙为纸，竹、松、石为画，有时还会结合漏窗、门洞等形成框景，以求在狭小的空间中创造淡雅的国画效果。"修竹数竿，石笋数尺"而"风中雨中有声，日中月中有影，诗中酒中有情，闲中闷中有伴"，这种洒脱在中国古典园林中表现得淋漓尽致。

再如扬州个园为烘托四季假山，春景配竹子、迎春、芍药、海棠；夏山有蟠根垂蔓，池内睡莲点点；山顶种植广玉兰、紫薇等高大乔木，营造浓荫覆盖之夏景：秋景以红枫、四季竹为主；冬山则配置斑竹和梅。个园利用不同的石材和植物，将春夏秋冬四季、东南西北四方完美地融合于这一狭小天地，表达出"春山艳冶而如笑，夏山苍翠而如滴，秋山明净而如妆，冬山惨淡而如睡"的诗情画意。

植物成片栽植时讲究"两株一丛要一俯一仰，三株一丛要分主宾，四株一丛则株距要有差异"。这些同样源自画理，如此搭配自然会主从鲜明、层次分明。苏州拙政园岛上的植物配置讲究高低错落、层次分明，植物种植以春梅、秋橘为主景，樟、朴遮阴为辅，常绿松柏构成冬景，为了增加景观的层次感，植物的高度各有不同，栽植的位置也有所差异。樟、朴居于岛的中部、上层空间，槭、合欢等位于中层空间，梅、橘等比较低矮的植物位于林缘、林下空间，无论隔岸远观，还是置身其中，都仿佛画中游一般。

明代陆绍珩曾说过："栽花种草全凭诗格取材。"也就是说，植物配置要符合诗情，具有文化气息，因此中国古典园林中很多景观因诗得名、按诗取材。比如苏州拙政园东入口处的"兰雪堂"，此处的兰指的是玉兰，取自李白的"春风洒兰雪"的句意而命名，根据诗意周围种植了大量的玉兰。拙政园小沧浪东北侧的"听松风处"以松为主，取自《南史·陶弘景传》："特爱松风，庭院皆植松，每闻其响，欣然为乐。"再如拙政园的"留听阁"，周围种植柳、樟、榉、桂、紫薇等植物，水中种植荷花，而"留听"两字语出唐代李商隐《宿骆氏亭寄怀崔雍崔衮》："秋阴不散霜飞晚，留得枯荷听雨声。"游人借枯荷、听天籁，将身心融入到天地自然之中，从而感受到秋色无边、天地无限，植物、题名、诗词三者相映生辉。

一句"落霞与孤鹜齐飞，秋水共长天一色"，不仅写出了无限秋色，更写出了难以言尽的情感，令人回味无穷。诗词歌赋、楹联匾额拓宽了园林的内涵和外延，使园林景观产生"象外之象、景外之景"。因此自古以来，美景与文学就成为永恒的组合，既有因文成景的，也有因景成文的，正如曹雪芹在《红楼梦》中所述："偌大景致，若干亭榭，无字标题，任是花柳山水，也断不能生色。"很多著名的景点就是根据植物进行命名，而又因其富于诗意的题名或楹联而闻名于世的。比如著名的承德避暑山庄

72 景中，以树木花卉为风景及其题名的有：万壑松风、松鹤清樾、梨花伴月、曲水荷香、清渚临境、莆田丛樾、松鹤斋、冷函亭、采菱渡、观莲所、万树园、嘉树轩和临芳墅等 18 处之多。再如苏州留园的"闻木樨香轩"，周围遍植桂花，漫步园中，不见其景，先闻其香。"闻木樨香轩"利用桂花的香气创造了一种境界，而令其闻名于世的不仅在于此，还在于景点的题名及其楹联——"奇石尽含千古秀，桂花香动万山秋"，点明此处怪岩奇石、岩桂飘香的迷人景象。

古典园林的造园技法因循画理、诗格，而反过来每一处景观又都是一幅画、一首诗，诗情画意之中，景观也就超越了三维的空间，这就是中国古典园林的独到之处——意境的创造。前面提到的"闻木樨香轩"就是一个典型的例子，"闻木樨香"典出《五灯会元·太史黄庭坚居士》，据记载黄庭坚信佛，但常常无法参悟其中的道理，就向高僧晦堂请教，晦堂说："禅道无隐，全在体味中。"但黄庭坚仍然无法理解，于是大师就带他在桂花林中散步，晦堂问他："闻到木樨花香了吗?"黄庭坚答道："闻到了。"晦堂便道："禅道就如同木樨花香，上下四方无不弥漫，所以无隐。"黄庭坚这才明白禅的真谛。在"上下四方无不弥漫"的花香中，空间已经由小小的庭院扩展开来，在周围逐渐地弥漫开来，而古典园林中的意境也正如这弥漫开来的花香一般让人回味、让人感悟！

三、中国古典园林中植物的文化内涵

长久以来，植物不仅仅是观赏的对象，还成为古人表达情感、祈求幸福的一种载体。借物言志是古人含蓄表达的一种方式，许多植物也被赋予了一定的寓意，其间有人们的好恶，有人们的追求和梦想。看似简单的植物材料也蕴含着深层次的内涵。比如古人将花卉人格化，以朋友看待，就有了花中十二友：芳友——兰花，清友——梅花，奇友——腊梅，殊友——瑞香，佳友——菊花，仙友——桂花，名友——海棠，韵友——茶花，净友——莲花，雅友——茉莉，禅友——栀子，艳友——芍药。正如古人所说的："与菊同野，与梅同疏，与莲同洁，与兰同芳，与海棠同韵，定自称花里神仙。"

（一）植物的寓意

古人根据植物的生长习性，再加上丰富的想象，赋予植物以人的品格，这使得植物景观不仅仅停留于表面，而且具有深层次的内涵、为植物配置提供了一个依据，也为游人提供了一个想象的空间。

古典园林中常用植物及其象征寓意如下：

1.梅花——冰肌玉骨、凌寒留香、象征高洁、坚强、谦虚的品格，给人以立志奋发的激励。

2.竹——"未曾出土先有节，纵凌云处也虚心"，被喻为有气节的君子，象征坚贞，高风亮节，虚心向上。

3.松——生命力极强的常青树，象征意志刚强，坚贞不屈的品格，也是长寿的象征。

4.兰花——幽香清远，一枝在室，满屋飘香，象征高洁、清雅的品格。

5.水仙——冰肌玉骨，清秀优雅，仪态超俗，雅称"凌波仙子"，象征吉祥。

6.菊花——凌霜盛开，一身傲骨，象征高尚坚强的情操。

7.莲花——"出淤泥而不染，濯清涟而不妖，中通外直"，把莲花喻为君子，象征圣洁。

8.牡丹——端丽妩媚，雍容华贵，兼有色、香、韵三者之美，象征繁荣昌盛、幸福和平。

9.蔓草——蔓即蔓生植物的枝茎，由于它滋长延伸、蔓蔓不断，因此人们寄予它有茂盛、长久的吉祥寓意，蔓草纹在隋唐时期最为流行，后人称它为"唐草"。

10.藻纹——藻是水草的总称，藻纹是水草和火焰之形，古时用作服饰，古代帝王皇冠上盘玉的五彩丝绳亦谓之藻，象征美丽和高贵。

（二）植物配置的传统

关于植物配置在民间还流传着一些习俗和禁忌，这不仅是民俗文化的一部分，而且很多内容与现代生态学理论、植物学理论相吻合。

第二节 外国古典园林的植物配置

一、西亚古典园林

西亚园林是指包括古埃及、古巴比伦、古波斯在内的西亚各国园林形式。由于气候炎热干燥，人们希望拥有自己的"绿洲"，因此水景、植物就成了西亚园林中不可缺少的元素。但与东方园林不同，西亚园林中的水体、植物栽植多采用规则式。此后，随着贸易、征战，这种园林形式又传入欧洲，逐步被欧洲人所接受，并影响到欧洲园林的发展，

（一）古埃及园林

在古埃及人的眼中，树木是奉献给神灵的祭祀品，他们在圣殿、神庙的周围种植了大片的林木，称为圣林，古埃及人引尼罗河水细心地浇灌这些植物，用以表达对神灵的崇敬，这样的园林形式被称为圣苑。另一种与宗教有关的园林形式是古埃及的墓园（Cemetery garden），其以金字塔为中心，以祭道为轴线，规则对称地栽植椰枣、棕榈、无花果等树木，形成庄重、肃穆的氛围。

古埃及的王孙贵族还为自己建造了奢华的私人宅园，随着岁月流逝，很多实物已不复存在，但从古埃及墓画中可见一斑，图 1-1 是古埃及阿米诺三世时期石刻壁画，画中描绘的是某大臣宅园的平面图，图 1-2 是根据壁画绘制的效果图，可见庭院临水而建，平面方正对称，中央设葡萄架，两侧对称布置矩形水池，周围整齐地栽种着棕榈、柏树或者果树，直线形的花坛中混植虞美人、牵牛花、黄雏菊、玫瑰、茉莉等花卉，边缘栽植由夹竹桃、桃金娘组成的绿篱，这可以看作是世界上最早的规则式园林。

古埃及的植物种类、栽植方式多种多样，如行道树、庭荫树、水生植物、盆栽植物（桶栽植物）、藤本植物等。初期多以树木为主，后期受古希腊园林的影响，引进大量的花卉品种。植物栽植都采用规则式，强调人工的处理，

表现出古埃及人对自然的征服。在功能方面，植物不仅用于遮阴，减少水分蒸发，也用来划分空间，这与伊斯兰园林（Islamic garden）不谋而合。

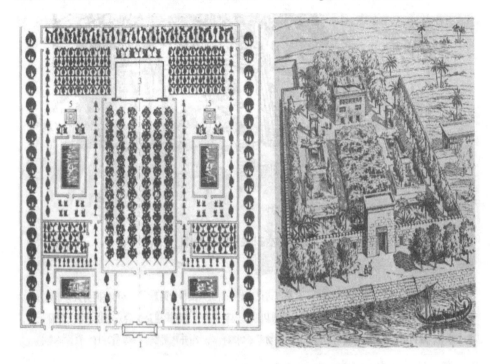

1.入口 2.葡萄架 3.住宅建筑 4.水池 5.凉亭图 1-2 古埃及宅园复原效果图

图 4-1 古埃及宅园平面图

（二）古巴比伦的空中花园（**Hanging Garden**）

古巴比伦王国位于幼发拉底河和底格里斯河之间的美索不达米亚（Mesopotamian）平原，是人类文明的发源地之一。古巴比伦王国的园林形式包括猎苑、圣苑、宫苑三种类型。猎苑与中国最初的园林形式——囿比较相似，除了原始的森林之外，苑中还种植意大利柏、石榴（Punica granatum）、葡萄（Vitis vinifera L.）等植物以及放养各种动物。圣苑是由庙宇和圣林构成，与古埃及相同，古巴比伦人同样认为树木是神圣的，所在庙宇的周围行列式栽植树木，即圣林。

古巴比伦宫苑中最为经典的就是被誉为世界七大奇迹之一的空中花园

（Hangding Garden）。公元前 614 年，国王尼布甲尼撒二世（Nebudchadrezzar Ⅱ，公元前 604~公元前 562）为缓解王后安美依迪丝（Amyitis）的思乡之情，特地在地势平坦的巴比伦城建了一座边长 120 多米，高 25m 的高台，高台分为上、中、下三层，一层一层地培上肥沃的泥土，种植许多奇花异草。并利用水利设施引水灌溉。种植的花木、藤本植物遮挡住了承重栓、墙，远看花园好像悬在空中，如同仙境一般，因此被称为"空中花园"，或者"悬园"。空中花园与现代园林中的屋顶花园类似，在植物选择、栽植、灌溉以及建筑物的防水、承重等方面都有着较高的技术要求，由此可见当时的建筑、园林、园艺、水利等方面已具有较高的水平。

（三）伊斯兰园林（Islamic garden）

伊斯兰园林是世界三大园林体系之一，是以古巴比伦和古波斯园林为渊源，十字形庭园为典型布局方式，即园中十字形道路构成中轴线，将全园分割成四区，园林中心，十字形道路交会点布设水池，象征天堂，水、凉亭、绿树荫是庭园最主要的构成要素，植物多采用规则式栽植并修剪整形。这样的布局一方面是由于地处干旱沙漠的环境，气候干燥；另一方面也源自波斯人的宗教信仰和意识形态——在他们心目中天堂就是一个大花园，里面有潺潺流水、绿树鲜花——每一处花园就是他们自己的"天堂乐园"。

此后波斯风格被继承下来，流传到北非、西班牙、印度，如西班牙阿尔汉布拉宫（Alhambra Palace，图 4-3）、最主要的庭院——桃金娘中庭（Patio de los Arrayanes，图 4-4）和狮庭（Patio de los Leones），其中桃金娘中庭中央是一反射水池，沿水池旁侧是两列桃金娘树篱，中庭的名称也因此得名。

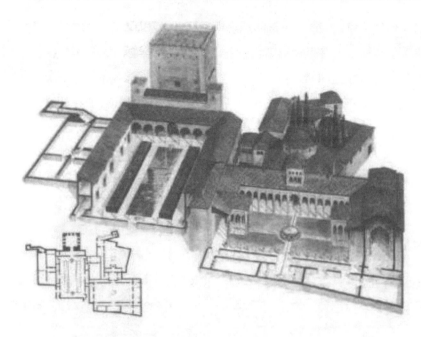

图 4-3 西班牙阿尔罕布拉宫（Alhambra Palace）鸟瞰图

图 4-4 桃金娘中庭（Patio de los Arrayanes）

17 世纪，印度成为莫卧尔（Mughal）帝国所在地，莫卧尔帝国的领导人巴布尔带来了波斯风格的园林。但由于地域、气候、文化等有所差异，莫卧尔园林和其他伊斯兰园林有一个重要区别在于植物的选择上，由于多数伊斯兰国家地处沙漠，其园林通常如沙漠中的绿洲，因而多选择多花的低矮植株。而莫卧尔园林中则有多种较高大，且较少开花的植物，如图 4-5（b）印度的泰姬陵，（Taj Mahal）。由此可见，即使同一类型的园林，由于所处地区不同，植物的选择及其搭配方式也有所不同，也因此创造出了独具地方特色的景观效果。

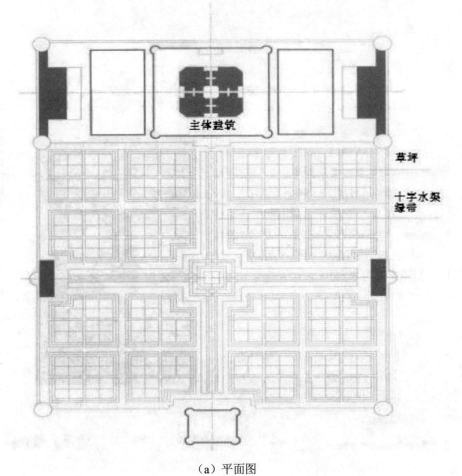

（a）平面图

（b）景观效果

图 4-5 伊斯兰园林的代表——泰姬陵

二、欧洲古典园林

（一）古希腊园林

从可考的历史看，欧洲园林始于古希腊。古希腊园林的最初形式为果蔬园，据荷马史诗记载，古希腊庭院中规则式栽植了大量的果树，如梨、栗、苹果、葡萄、无花果、石榴、橄榄树等以及各种蔬菜，园中还设有喷泉等水法。公元 5 世纪，希腊人接触到波斯的造园艺术，将两国的园林风格进行了融合，果蔬园变成了以装饰性为主的庭院，因周围环以柱廊，又称为柱廊园（Peristyle garden）。柱廊园中庭设有喷泉、雕塑，庭院中整齐的栽种柳、榆、柏、夹竹桃以及由花卉组成的花莆，如图 4-6 所示。

图 4-6 古希腊柱廊园（Peristyle garden）

　　古希腊园林大量运用花卉材料，尤其是蔷薇被广泛地应用于园林绿化、室内装饰、切花等方面、虽然品种不多，但也培育出了一些重瓣品种。在提奥佛拉斯特所著的《植物研究》一书中，论述了蔷薇的品种及栽培方法，除此之外还记载了 500 多种常用植物，如三色堇（Viola tricolor Linn）、荷兰芹（Petroselinum crispum）、罂粟（Papaver somniferum L.）、番红花（Corcus sativus L.）、风信子（Hyacinthus orientalis L.）、百合（Lilium brownii var.viridulum Baker）、山茶（Camellia japonica L.）、桃金娘（Rhodomaytus tomentosa[Ait.]Hassk.）、紫罗兰（Matthiola incana[L.]R.Br）等。

　　此外，古希腊还非常重视公共园林绿化，圣殿、运动场、广场等处都有植物种植。值得一提的是，根据雅典著名政治家西蒙（Simon，公元前 510~公元前 450）的建议，在雅典的大街上栽植悬铃木作为行道树，这也是欧洲有记载以来最早的行道树。

（二）古罗马园林

古罗马园林最初以生产为主，栽植果树、蔬菜、香料和调料等，后期继承古希腊、古埃及的园林艺术和西亚园林的布局特点，发展形成独具特色的别墅花园。古罗马的别墅花园常选在山坡上和海岸边，利用自然地形，以便借景，布局采取规则式，庭院中设置木格棚架、藤架、草地覆被的露台等；同希腊人一样，罗马人热衷于花卉装饰，庭院中除了几何形花台、花坛，还出现了蔷薇专类园和迷园等形式。

古罗马的园艺技术也大为提高，果树按五点式、梅花形或"V"形种植，起装饰作用，植物（常用黄杨、紫杉和柏树等）常常被修剪成绿色雕塑（Topiary）等。著名诗人维吉尔在诗歌中描述理想中的田园世界，还告诫人们种植树木应考虑其生态习性及土壤要求，如白柳宜种河边，赤杨宜种沼泽地，石山上宜植梣，桃金娘宜种岸边，紫杉可抗严寒的北风等。著名作家老普林尼（Pliny，公元23~89）在他的《博物志》中描述了约1000种植物。古罗马园林中常用的植物品种有悬铃木（Platanus occidentalis L.）、桃金娘（Rhodomyrtus tomentosa[Ait.]Hassk）、月桂（Laurus nobilis）、黄杨（Buxus sinica）、刺老鼠簕（Acanthus spinosus L.）、地中海柏木（Cupressus sempervirens）、洋常春藤（Hedera helix）、柠檬（Critus spp.）、薰衣草（lavandula Pedunculata）、薄荷（Mentha haplocalyx）、百里香（Thymus mongolicus）等。

罗马人将希腊园林传统和西亚园林的影响融合到罗马园林之中，对后世欧洲园林的影响更为直接，此后欧洲园林就一直沿袭着几何式园林的发展道路。大多数古典园林是方方正正、整齐一律、均衡对称的，通过人工处理追求几何图案美，即使是植物景观，也要按照人的意志塑造树形，让其具有明显的人工痕迹，这也成为欧式园林植物景观的典型特征。

（三）意大利的台地园（Terrace garden）

意大利地处地中海亚平宁半岛，夏季炎热干旱，冬季温暖湿润，三面为坡，只有沿海一线为狭窄的平原，这种地理条件和气候造就了意大利特有的园林白杨形式——台地园（Terrace garden）。文艺复兴时期，意大利的佛罗伦萨、罗马、威尼斯等地建造了许多别墅园林，建在坟地顶部的房屋作为景观主体及确定中轴的依据，利用地势形成多层台地，设置多级跌水，两侧对称布置整形的树木、植篱及花卉，以及大理石神像、花钵、雕塑等，庄园的外围是树木茂密的林园。

台地园在地形整理、植物修剪和水法技术方面都有很高成就，佳作层出不穷，如文艺复兴早期的"美第奇庄园"（Villa Medici）、中期巴洛克（Barogue）风格的经典之作"埃斯特庄园"（Villa d'Este，图4-7）、后期的"加尔佐尼庄园"（Villa Garzoni，图1-8）等，无不显示出造园者的聪明智慧和娴熟技艺。

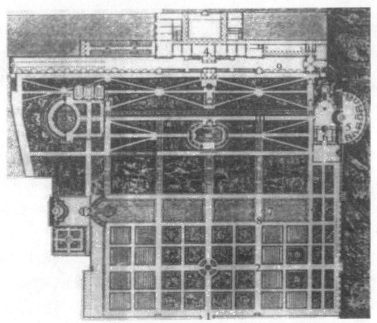

（a）埃斯特庄园（Villa d'Este，1550）平面图

1.主入口 2.台地 3.喷泉 4.主体建筑 5.馆舍 6.洞窟 7.跌水 8.桥

9.顶层平台 10.百泉台 11.台阶 12.水风琴

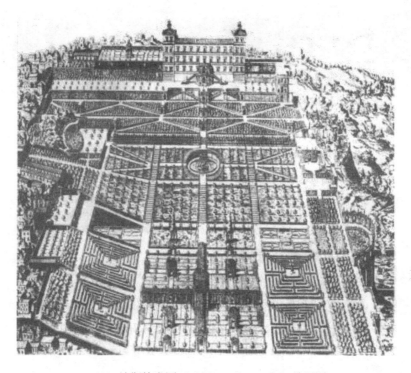

（b）埃斯特庄园（Villa d'Este，1550）效果图

图 4-7 埃斯特庄园（Villa d'Este，1550）

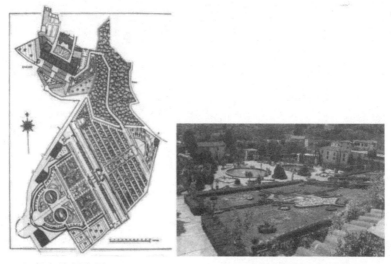

（a）加尔佐尼庄园（Villa Garzoni，1652）（b）加尔佐尼庄园精美的花坛

平面图

（c）加尔佐尼庄园中轴对称的布局

图 4-8 加尔佐尼庄园（Villa Garzoni, 1652）

　　受到当地气候条件的影响，意大利园林中往往选择绿色植物，而尽量避免使用一些色彩鲜艳的花卉，以便使人们在视觉上有清凉、宁静之感。高耸的意大利丝柏（Cupressus sempervirens）是意大利园林中的标志性植物，如图 4-9，常常用于道路绿化，或者作为建筑、喷泉的背景与框景，树冠伞形的石松（Lycopodium japonicum Thunb.）常与其搭配，形成视觉上的对比。阔叶树常用悬铃木（Platanus occidentalis L.）、七叶树（Aesculus chinensis）等。灌木则以月桂（Laurus nobilis Linn.）、冬青（Ilex purpurea Hassk.）、黄杨（Buxus sinica）、紫杉（Taxus cuspidata）等为主。

　　意大利台地园的最主要特点是所有的一切，包括植物，都做到了"图案化"。比如绿丛植坛就是用黄杨（Buxus sinica）等耐修剪的植物修剪成矮篱，在方形的场地中组成各种图案、花纹、文字或者家族的徽章等，这种装饰性的图案植坛往往被设在低层的台地上，以方便游人在高处俯瞰整体效果，如兰特庄园（Villa Lante）的黄杨绿丛植坛（图 4-10）。为了使规则的植坛与自然的树丛之间形成自然的过渡，造园者经常在方形的地块中规则式栽植未经修剪的乔木、组成"树畦"，使园景与自然山林融合。除了露地栽植之外，意大利园林中还常将柑橘、柠檬等果树栽植在陶盆中，摆放在道路两侧、庭院角隅等处，植物叶、果乃至容器都作为景观的观赏点。

　　另外，在意大利园林中，植物不仅是造景材料，还被作为建筑材料加以使用，我们看到的矮墙、栏杆、佛龛、拱门、剧场的幕布，乃至雕塑等都是由植物修剪而成的。如图 4-11 所示，利用高大的耐修剪的植物修剪成树墙，常常作为水体、喷泉、雕塑以及露天舞台等的背景，有时绿墙上还留有壁龛，在其中设置雕像。再或者利用植物绿篱形成的植物迷宫，称之为迷园

（Labyrinth 或 Maze Gardens），迷园的中心设置景亭或修剪成奇特形状的树木，如图 4-12 所示。

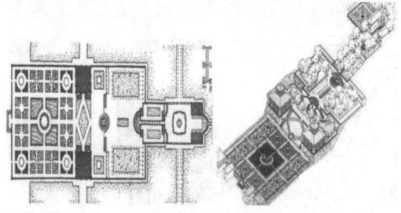

（a）兰特庄园（Villa Lante）平面图（b）兰特庄园（Villa Lante）鸟瞰图

图 4-9 兰特庄园（Villa Lante）

图 4-10 兰特庄园（Villa Lante）及其黄杨组成的绿丛植坛

图 4-11 意大利园林中利用职务修剪的树墙图 1-12 迷园

意大利台地园中，方正、对称、图案化的植物给人印象最深，但这一切并不显得单调，那是因为设计师合理选用了多种植物，并采用了多种栽植形式，而且更为关键的是植物景观与地形、建筑、自然山林都很好地融合，形成一个整体。

（四）法国的平面图案式园林（Flat Parterre Garden）

17 世纪，意大利园林传入法国，法国人结合本国地势平坦的特点将中轴线对称的园林布局手法运用于平地造园。17 世纪后半叶，造园大师傅勒·诺特（Andre Le Note，1613~1700）的出现，标志着勒·诺特园林，即平面图案式园林（Flat Parterre Garden）的开始。随着 1661 年路易十四（Louis XIV，1638~1715）凡尔赛宫苑的兴建，这种几何式的欧洲古典园林达到了颠峰。

凡尔赛宫苑（Versailles Palace）是欧洲最大的皇家花园，占地 1600 公顷，耗时 26 年之久，宫苑包括"宫"和"苑"两部分。广大的林苑区在宫殿建筑的西面，由著名的造园家勒·诺特设计规划。作为法国园林的典范，凡尔赛宫苑通过巨大的尺度体现了皇家恢宏的气势，如图 4-13 中平面图所示，宫苑的中轴线长达 2km,两侧大片的树林把中轴线衬托成为一条宽阔的林荫大道。林荫大道东端平阔平地上则是左右对称布置的几组大型的"绣毯式植坛"，

如图 4-14 所示。苑内大运河长 1650m，宽 62m，横臂长 1013m……除了一系
列大尺度的运用，勒•诺特还在宫苑中设置了 14 个主题、风格各不相同的小
林园，他在林荫道两侧的树林里开辟出许多笔直交叉的小林荫路，它们的尽
端都有对景，因此形成一系列的视景线（Vista），故此种园林又叫作视景园
（Vista Garden）。

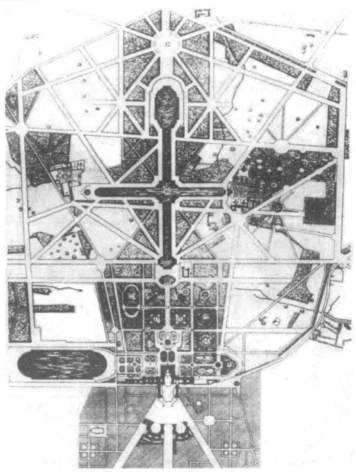

图 4-13 法国凡尔赛宫苑（Versailles Palace）平面图

图 4-14 法国平面图案式园林效果图

尽管都属于几何式图案化园林形式，但是法国园林的植物景观则比意大利园林更为复杂、丰富，气势更为磅礴。法国园林中主要的植物景观类型有以下几种：

1.丛林：由于法国雨量适中，气候温和、落叶阔叶树种较多，故常以落叶密林为背景，使规则式植物景观与自然山林相互融合，这是法国园林艺术中固有的传统。

2.植坛：法国园林中广泛采用黄杨或紫杉组成复杂的图案，并点缀以整形的常绿植物，如图 4-15 所示。

图 4-15 法国古典园林中的黄杨植坛

3.花坛：法国园林中花卉的运用比意大利园林丰富，前者常利用鲜艳的花卉材料组成图案花坛，并以大面积草坪和浓密的树丛衬托华丽的花坛。法国园林中花坛的种类繁多，其中刺绣花坛（Parterre）最为经典——这种瑰丽的模纹花坛像在大地上做刺绣一样，所以当时把这种模纹花坛叫作刺绣花坛。其开创者是法国的克洛德·莫莱（Claude·Mollet，1535~1604），他模仿衣服上的刺绣花边设计花坛，花坛除了使用花草、黄杨外，还大胆使用彩色页岩或沙子作底衬，装饰效果更强烈。图 4-16 是沃·勒·维贡特城堡花园（Vaux-le-Vicomte Garden，1656~1661）的刺绣花坛图案，花坛由旋涡状图案植坛、草地、花结和花丛等组成四个对称的部分，繁杂的图案令人眼花缭乱（图4-17），同时也禁不住感叹设计者和工匠们高超的技艺。

图 4-16 沃·勒·维贡特城堡花园刺绣花坛图案

图 4-17 沃·勒·维贡特城堡花园（1656~1661）鸟瞰效果

除此之外，还有其他多种类型。如草坪植坛，由草坪或修剪出形状的草坪组成，在其周围没有 0.5~0.6m 宽的小径，边缘镶有花带；柑橘花坛是由柑橘等灌木组成的几何形植坛；水花坛是由水池、喷泉加上花卉、草坪、植坛组合而成；分区花坛是对称式的造型黄杨树构成，花坛中不进行草坪或刺绣图案的栽植。

4.树篱：在花坛和丛林的边缘种植树篱，其宽度为 0.5~0.6m，高度是 1~10m，树种多用欧洲黄杨、紫杉、山毛榉等。

（五）英国的风景式园林（Landscape Garden）

英伦三岛起伏的丘陵、如茵的草地、茂密的森林，促进了风景画和田园诗的兴盛，使英国人对天然景致之美产生了深厚的感情。18 世纪初期，在这种思潮影响下，封闭的"城堡园林"和规整严谨的"勒·诺特式"园林逐渐被人们所厌弃，而形成了另一种近乎自然、返璞归真的新园林风格——风景式园林，如图 4-18 所示。

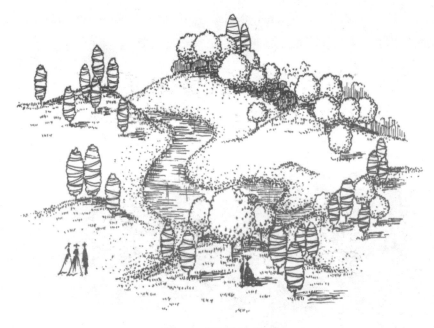

图 4-18 英国风景式园林

英国的风景式园林始于布里奇曼（Charles Bridgeman，1690~1738），为了保证园内外景观互通，布里奇曼还首创了"隐垣"（Sunk Fence 或 Ha-ha），即在深沟中修筑的园墙。到了肯特（Willianm Kent，1686~1748）及"可为布朗"（capability Brown，1715~1783）时期，英国园林完全摒弃了一切几何形状和对称均齐的布局，代之以弯曲的道路、蜿蜒的河流、自然式的树丛和草地，整个园景充满了宁静、深邃之美。

此后，出现了大量风景式园林作品，比如英国斯托海德国（Stourhead Garden，图 4-19）反映了英国风景园的精髓——自然。从图 1-20 这个角度观赏，可以看到沿岸茂密的树丛和嫩绿的草坪，以及对岸罗马式的先贤祠，园主人亨利·霍尔二世（Henri Hoare，1705~1785）在经过改造的地形上种植了乡土树种山毛榉（Fagus sylvatica）、冷杉（Abies allba Mill.）、黎巴嫩雪松（Cedrus libani Laws）、意大利丝柏（Cupressus sempervirens）、杜松（Juniperus rigida）、水松（Glyptostrobus pensilis）、落叶松（Larix decidua Mill）等树木，后又引进了南洋杉（Araucaria cunninghamia）、红松（Pinus koraiensis Sieb.et Zuce）、铁杉（Tsuga chinensis）等驯化品种，而其后人又在此基础上栽植了大量的杜鹃（Rhododendron simsii Planch）和石楠（Photinia serrulata），使得原以针叶树种为主的园景更加丰富多彩。

图 4-19 英国斯托海德园（Stourhead Garden）平面图

图 4-20 英国斯托海德园（Stourhead Garden）效果图

18 世纪中叶，曾经两度游历中国的英国皇家建筑师钱伯斯（William Chambers，1723~1796）著文盛谈中国园林，并在他所设计的邱园（Kew Garden，图 4-21）中首次运用了所谓"中国式"的手法，虽然不过是一些肤浅和不伦不类的点缀，也形成一个流派，称之为"中英式"园林，在欧洲曾经盛行一时。

虽然同样是自然式园林，但由于地域、历史、文化等的差异，英国风景式园林与中国写意山水园林有着本质的区别，英国风景式园林仅仅是单纯的模仿自然，而中国园林不仅模仿自然，更主要的是在此基础上进行创造，即本于自然，高于自然，整个景观具有丰富的内涵和深厚的文化底蕴。

图 4-21 邱园中国塔及周边自然式种植

三、日本古典园林

日本园林居于东方园林体系，6 世纪时中国园林随佛教传入日本，此后日本园林大多都借鉴了中国园林的设计手法，比如日本的"池泉筑山庭"就是仿照中国"一池三山"的园林格局形成的庭园形式，具有明显的中国印迹。在模仿中国园林的同时，日本园林还结合本民族的文化特征不断进行创新，经过多年的发展，已形成其独有的自然式山水园。

日本古典园林主要有平庭、池泉园、筑山庭、枯山水和茶庭等形式。

平庭是在乎坦的园地上利用岩石、植物和溪流等表现山谷或原野的风光，模拟的是自然山川景致，一般规模较大，园中有山有水，水体以自然形态湖面为主，湖中堆置岛屿，并用桥梁相连接，在山岛上到处可见自然式的石组和植物。池泉园是以池泉为中心，布置岛、瀑布、土山、溪流、桥、亭、榭等景观元素。筑山庭则是在庭园内堆土筑山，点缀以石组、树木、飞石、石灯等园林元素，往往规模较大，常利用自然地形加以人工美化，达到幽深丰富的景观效果。在中国禅宗思想传入日本后，禅宗寺院兴起了一种象征性的山水式庭园，造园者采用了对自然高度概括的手法，以立石表示群山，用白沙象征宽广的大海，其间散置的石组象征海岛，这种无水之"山水"庭园被称为"枯山水"，如图 4-22 所示。

图 4-22 日本"枯山水"园林

茶庭是 15 世纪出现的一种小型庭院，常以园中之园的形式设在平庭或筑山庭之中。茶庭四周围以竹篱，宁静的庭园中营造一个或几个茶庭，宾主在此饮茶、聊天，进行文化社交活动。园中自然布设飞石、汀步、石灯笼以及洗手的蹲踞等，并以常绿植物为主，较少使用花木。

日本古典园林在植物配置方面有以下几个特点：

第一，日本古典园林中选用的植物品种不多，常以一两种植物作为主景，再选用一两种植物作为配景，层次清楚、形式简洁。通常常绿树木在庭院中占主导地位，因其不仅可以经年保持园林风貌，也可为色泽鲜亮的观花或色叶植物提供一道天然背景，所以在日本古典园林中常绿植物与山石、水体一起破称为最主要的造园材料。在众多可供选择的常绿植物中，日本黑松应用最为普遍，它有着坚硬的、深绿色的针形叶，粗糙的黑色树皮，经历风吹雨打后会变成各种奇特怪异的形状。在传统的日本园林中，黑松常作为男性的象征，用作庭园的主景，或置于一个半岛之上（图 4-23），使曲折的枝干悬垂于水面，形成一幅优美的画面。而纤细、柔美的红松则作为女性的化身，常与日本黑松搭配，植于池泉边。除了以上两种常绿植物，日本雪松、日本花柏、紫杉、杜鹃、樱花以及秋色树种，如槭树类植物（图 4-24）等，也都是日本园林中常用的植物品种。此外，日本园林中植物的整体色调淡雅并大量使用冷色调花卉，如蓝紫色的八仙花和鸢尾等经常出现在园林植物配置中，如图 4-25 所示，以追求悲凉气氛和禅宗意境。

图 4-23 日本传统园林中常绿植物的使用

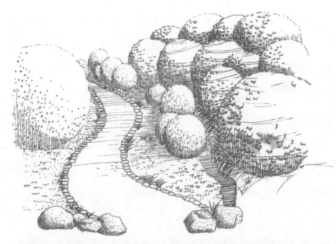

图 4-24 日本传统园林中常使用槭树类植物

图 4-25 日式园林中的植物选择

　　第二，在特定的景观环境中植物承担着特定的功能，并常根据其造景功能命名。例如，庭院内重要的位置所植栽的树木称之为"役木"；石灯笼旁边配置的树木被称作"灯障之木"；在瀑布前栽种"飞泉障之木"；一株松树斜靠在门檐上的栽种方式叫作"门冠"。这种对植物造景功能的注重与中国园林对植物比德的注重是完全不同的。

　　第三，日本古典园林的植物配置多采用自然式，但常对植物进行修剪，此种处理方式是自室町时代（1393~1573）后期禅宗寺院的庭院开始的。比如槭树类、杜鹃或者黄杨等常常被修剪成球形，如图4-25中的杜鹃剪型，图4-26中的山坡上丛植自然造景的红枫，坡面上散植黄杨球，自然与规则的结合并不显得杂乱，在这种对比中，反而更显宁静和安逸。需要注意的是茶庭中的植物是不作造型修剪的，以表现茶庭文化对自然的追求和对世俗的鄙夷。

第四，日本古典园林中植物配量常采取自然式，或一株孤植，或两株（丛）俯仰呼应，或三株（丛）一组成不等边三角形布置，植物的布局方面往往采用二对一、三对一、五对一等非对称栽植方式，使游人从任何角度都能看到树丛的每株树木。

陈从周曾说："中国园林是人工之中见自然，日本园林是自然之中见人工。"对植物进行几何造型的修剪，为追求韵律而安排植物的排列方式，为体现自然而否定完全对称的平衡，以及对园林色彩的控制使得日本园林在自然之中处处流露出人工气息。虽然园林中植物种类多、用量大，但是这种对形式美的注重使得日本园林终究不能成为真正的自然，只能是人造自然的典范。

图4-26 自然的红枫与规则的黄杨球搭配组合

第三节 现代园林的植物景观

一、西方现代园林及植物造景

（一）现代植物造景理论与实践

18世纪中叶，欧洲工业革命引发的城市化现象造成了城市人口密集、居住环境恶化。同时，科技的发展使得"人定胜天"的思想更加强烈，人类对自然无情的掠夺、开发，造成植被减少、水土流失，生态环境遭到严重的破坏。在这种状况下，人们重新审视植物在景观中的作用，尝试着从艺术、生态等多个角度去诠释植物造景，在植物景观设计理论和实践方面有了新的突破。

1853年，奥姆斯特德（Frederick Law Olmsted，1822~1903）及沃克思（Calvert Vaux）的纽约中央公园设计方案（图4-27）——"绿草地"方案在参赛的30多个设计方案中脱颖而出，成为中央公园最初的蓝本。中央公园的建设特别注意植物景观的创造，设计者尽可能广泛地选用树种和地被植物，并注重强调植物的季相变化。

国内不同品种的乔木、灌木都经过刻意的安排，使它们的形式、色彩、姿态都能得到最好的展现，同时保证其能够健康地生长。建国初期，大片地区采取了密植方式，并以常绿植物为主。如速生的挪威云杉，沿水边种了很多柳树，还开辟了大片的草地和专门牧羊草地。

后期，管理人员又把注意力转向植物品种的培养、植物配置以及动物保护，疏伐、更新原有的树林，对古树名木进行保养，引入外来树种，成片栽培露地花卉，保留利用野生花卉品种，加强专类园。如莎士比亚花园、草葡园等的建设和管理，还建立了封闭的自然保护区。

景观设计师们将自然与人工结合，植物与建筑结合，创造出一系列令观者动心、访者动情的园林景观。尤其是随着经济发展，欧美许多中产阶级逐步购置了拥有小花园的私人住宅，形成了许多风格各异的私人花园。

图 1-27 纽约中央公园（鸟瞰图）

对于私家花园，植物的选择和配置可称为设计中最为重要的环节，在种植设计中，不仅应考虑植物的生长习性、色彩、质地、体量等，还需适应花园的整体风格和景观意境。

贝思·查特（Beth Chatto）就是一位非常善于运用植物材料的造园师，其代表作贝思花园（the Beth Chatto Garden，图 1-28）位于一片沼泽地中，贝思在选择植物时严格坚持生态原则（Ecological Principles），植物根据生长条件的差异被分为几部分——从"水花园"到干燥的、砾石铺地的"地中海式花园"。

贝思强调对植物的构图与塑形，通过植株形态、色彩的对比，花园在各个季节均呈现出非常和谐、愉悦的图景。

与其相反，"新美国花园"（the New American Garden）的代表——沃尔夫冈·奥伊默（Wolfgang Oehme）和詹姆斯·凡·斯韦登（James van Sweden）所设计的花园中，种植设计摒弃了传统的植物塑形做法，解除了人对植物生长的约束，采用多层次的群体布局方式，大胆展现植物随季节繁盛衰亡的自然轮回（4-29）。

图 4-28 贝斯花园（the Beth Chatto Garden）植物景观设计

图 4-29 沃尔夫冈·奥伊默和詹姆斯·凡·斯韦登所设计的花园更注重植物的自然形态

随着设计实践的推进，植物造景及其相关研究也逐步展开并深入，很多景观设计师针对植物景观设计实践著书立论。比如：英国园林设计师鲁滨孙

（William Robinson 1838~1935）主张简化繁琐的维多利亚花园，满足植物的生态习性，任其自然生长。1917 年，美国景观设计师弗莱克·阿尔伯持·沃（Wuahg Frank Albert 1869~1943）提出了将本土物种同其他常见植物一起结合自然环境中的土壤、气候、湿度条件进行实际应用的理论。格特鲁德·杰基尔（Gertrude Jeky II，1843~1932）在《花园的色彩》中指出："我认为只是拥有一定数量的植物，无论植物本身有多好，数量多充足，都不能成为园林……最重要的是精心的选择和有明确的意图……对我来说，我们造园和改善园林所做的就是用植物创造美丽的图画。"风景园林师南希·A·莱斯辛斯基在《植物景观设计（Planting the landscape）》专著中系统地回顾了植物造景的历史，对植物造景构成等方面进行了论述，将植物作为重要的设计元素来丰富外部空间设计。她认为风景园林设计的词汇主要有两大类：由植物材料形成的软质景观和由园林建筑及其他景观小品构成的硬质景观。植物景观设计与其他艺术设计比较，其最大的特点在于植物景观是最具有动态的艺术形式。植物造景的关键在于将植物元素合理地搭配，最终形成一个有序的整体。英国风景园林师 Brian Clouston 在《风景园林植物配置》中指出园林植物生态种植应体现在四个方面："保存性、观赏性、多样性和经济性。保存性强调的是对于自然生态系统的保护与完善……观赏性是园林植物景观设计有别于其他绿化的显著性特征……多样性是形成植物群落结构稳定、景观形式多样的前提……经济性体现在对于人工绿化的后期维护与管理上。"他还强调了乡土植物可以真实地反映出当地季节变化所形成的真实的季相景观，乡土植物是体现地方景观风格特征的重要层面。1969 年，景观设计师伊恩·麦克哈格（Ian McHarg，1920~2001）的著作《设计结合自然》中提出了综合性生态规划理论，诠释了景观、工程、科学和开发之间的关系。自此植物造景开始更多地关注保护和改善环境的问题。20 世纪 80 年代以后，整个社会开始意识到科学与艺术结合的重要性与必要性，植物造景的创作和研究上也反映出更多"综合"的倾向。如《Planting Design: A Manual of Theory and Practice》（William R. Nelson）、《风景园林植物配置（Landscape Design With Plants）》、《Planting the Landscape》等著作的共同特点是强调功能、景观与生态环境相结合。

（二）植物的引种选育

随着对于植物造景、生态等方面的重视，植物的需求量也越来越大，一些国家在植物的选育、培育、新品种的开发利用等方面都投入了大量的精力。以英国为例，英国早在 1560~1620 年已开始从东欧引种植物；1620~1686 年到加拿大引种植物；1687~1772 年收集南美的乔灌木；1772~1820 年收集澳大利亚的植物；1820~1900 年收集日本的植物；1839~1938 年这 100 年中，从我国的甘肃、陕西、四川、湖北、云南及西藏等地引种了大量的观赏植物，原产英国的植物种类仅 1700 种，可是经过几百年的引种，至今皇家植物园已拥有 50000 种来自世界各地的活植物，这为英国园林的植物景观提供了雄厚的基础。

除了英国，还有很多国家从我国大量引种植物。比如，美国从我国引入的乔灌木有 1500 种以上，在阿诺德树木园中近有一半的树种引自我国；意大利塔兰托植物园中引入的我国植物有 1000 种以上，共计 230 属之多……

在西方园林突飞猛进的同时，我国园林，尤其植物景观设计方面也经历着由古典到现代的突变。

二、我国现代园林发展及植物造景理论

（一）我国现代园林茵物景观创造

新中国伊始，社会各个方面，包括园林绿化都深受苏联的影响。不分具体地区和情况，模式统一，构图追求严格对称、规则，尺度追求宏伟，气氛严谨肃穆，政治色彩浓厚；植物选用以常绿树种特别是松柏类为主，落叶树种、灌木、地被及草坪相对较少，多采用成排成行的规则种植，不仅色彩单一，形式单调，而且由于大量地使用绿篱形成空间的界定，所以绿篱往往"拒人于千里之外"，使人们无法亲近。

改革开放以后，园林绿化逐渐摆脱了单调和萧条，布局形式逐步丰富起来，植物材料的选择也越来越多，植物配置更因地制宜，绿化层次更为合理。

花灌木、地被植物、草坪的大量应用，覆盖了裸露的土地，不仅增加了绿量，而且还扩大了绿地的可视范围，极大地丰富了园林景观。在没有绿篱阻挡的草坪绿地里，人们和花草树木和谐相处，自然亲密交流，园林因有人的参与而变得生动活泼，人们因与自然的亲近而更加充满活力、充满生机。

我国现代园林的发展经历了两个极端的过程，一个极端是全盘仿古，照抄古典园林，园中亭台楼阁、假山水系，再加上零零散散的几株植物，古典园林的小巧精致确实令人赞叹，但仿古的成本太高，收效却不尽如人意，而且无法满足现代人对于户外休闲空间的需要；另一极端就是全盘西化，不加考虑地去模仿外国一些植物景观设计方法，植物品种单一，植物栽植以草坪和植物模纹为主，少栽或不栽乔木、灌木；或者过于突出植物对城市的装饰美化作用，而忽略了生态效果，为了马上见效，移植大树……经过实践证明，这些做法都是缺乏社会基础，缺乏科学依据的，有的甚至是违反自然规律的。随着科学研究的发展，随着人们生态、环保意识的提高，人们对植物的认识也有所改变——它不是环境的点缀、建筑的配饰，而是景观的主体，植物景观设计应该是园林设计的核心。

（二）植物造景理念的提出与发展

20 世纪 70 年代后期，有关专家和决策部门提出了"植物造景"这一理念。随着相关研究的逐步深入，现代植物造景理念已经不同于传统的植物造景，园林景观创造不仅以植物材料为造景主体，同时还强调生物多样性、生态性、可持续利用等，既强调景观的视觉效果，也注重植物景观的生态效益。

1.量化指标的确定与管理

现代景观设计中，对于植物景观的评价逐步由定性到定量——通过一系列量化指标进行控制，比如，城市绿地规划中设置的指标，是城市园林绿化水平的基本标志，它反映了城市一个时期的经济水平、城市环境质量及文化生活水平。现行城市绿地指标群由五大类 40 项指标构成，即基本指标、绿化结构指标、游憩指标、计划管理指标和人均指标，其中基本指标和人均指标是最主要的指标，主要有以下几种：

（1）城市绿地面积 Ag：

公式： $Ag = Ag_1 + Ag_2 + Ag_3 + Ag_4$

其中： Ag ——城市绿地面积（m²）；

Ag_1 ——公园绿地面积（m²）；

Ag_2 ——生产绿地面积（m²）；

Ag_3 ——防护绿地面积（m²）；

Ag_4 ——附属绿地面积（m²）。

注：公式中的城市绿地分类中的第五大类 g_5 ——"其他绿地"没有城市绿地面积的一部分加以计算。

（2）人均公园绿地面积 Ag_{1m}：指城市中每个居民平均占有城市公园绿地的面积。

计算公式： $A_{g1m} = A_{g1} / N_p$

其中： Ag_{1m} ——人均公园绿地面积（m²/人）；

Ag_1 ——公园绿地面积（m²）；

N_p ——城市人口总量（人）。

（3）人均绿地面积 A_{gm}：指城市中每个居民平均占有城市绿地的面积。

计算公式： $A_{gm} = (A_{g1} + A_{g2} + A_{g3} + A_{g4}) / N_p$

其中： A_{gm} ——人均绿地面积（m²/人）。

（4）绿地率 λg：指一定范围内绿地面积占用面积的比率。

计算公式：$\lambda g = [(A_{g1} + A_{g2} + A_{g3} + A_{g4}) / A_c] \times 100\%$

其中：Ac ——用地面积（m²）。

（5）绿化覆盖率：绿化程盖面积是指乔灌木和多年生草本植物的覆盖面积，按植物的平均投影面积测算，但是乔木树冠下重叠的灌木和草本植物不再重复计算。

绿化覆盖率＝用地范围内全部绿化植物垂直投影面积之和与用地面积的比率（％）。

此外，起始于 1992 年的国家园林城市的评审针对城市绿化给出了一系列量化指标，促进了现代城市景观绿尤其是植物景观设计水平的提升，具体内容请参见表 4-3。

表 4-3 国家园林城市评审指标标准（节选）

类型	序号	指标		国家园林城市标准	
				基本项	提升项
	1	建成区绿化覆盖率（％）		≥36％	≥40％
	2	建成区绿地率（％）		≥31％	≥35％
	3	城市人均公园绿地面积	人均建设用地＜80m² 的城市	≥7.50m²/人	≥9.50m²/人
			人均建设用地 80~100m² 的城市	≥8.00m²/人	≥10.00m²/人
			人均建设用地＞100m² 的城市	≥9.00m²/人	≥11.00m²/人
	4	建成区绿化覆盖面积中乔灌木所占比率（％）		≥60％	≥70％
	5	城市各城区绿地率最低值		≥25％	—
	6	城市各城区人均公园绿地面积最低值		≥5.00m²/人	—
	7	公园绿地服务半径覆盖率（％）		≥70％	≥90％
	8	万人拥有综合公园指数		≥0.06	≥0.07

	9	城市道路绿化普及率（%）	≥95%	100%
	10	城市新建、改建居住区绿地达标率（%）	≥95%	100%
	11	城市公共设施绿地达标率（%）	≥95%	—
	12	城市防护绿地实施率（%）	≥80%	≥90%
	13	生产绿地占建成区面积比率（%）	≥2%	—
	14	城市道路绿地达标率（%）	≥80%	—
	15	大于 40hm² 的植物园数量	≥1.00	—
	16	林荫停车场推广率（%）	≥80%	—
	17	河道绿化普及率（%）	≥80%	—
	18	受损弃置地生态与景观恢复率（%）	≥80%	—
建设管控	1	城市园林绿化综合评价值	≥8.00	≥9.00
	2	城市公园绿地功能性评价值	≥8.00	≥9.00
	3	城市公园绿地景观性评价值	≥8.00	≥9.00
	4	城市公园绿地文化型评价值	≥8.00	≥9.00
	5	城市道路绿化评价值	≥8.00	≥9.00
	6	公园管理规范化率（%）	≥90%	≥95%
	7	古树名木保护率（%）	≥95%	≥100%
	8	节约型绿地建设率（%）	≥60%	≥80%
	9	立体绿化推广	已制定立体绿化推广的鼓励政策、技术措施和实施方案，且实施效果明显	—
	10	城市"其他绿地"控制	①依据《城市绿地系统规划》要求，建立城乡一体的绿地系统；②城市郊野公	—

		园、风景林地、城市绿化隔离带等"其他绿地"得到有效保护和合理利用	
11	生物防治推广率（%）	≥50%	
12	公园绿地应急避险场所实施率（%）	≥70%	—
13	水体岸线自然化率（%）	≥80%	—

2.生态体系的建立与研究

植物景观是由植物与环境共同形成的，植物造景应按照自然规律及植物群落的自然构成进行植物配置。研究表明，模拟自然植物群落、恢复地带性植被可以构建出结构稳定、生态保护功能强、养护成本低、具有良好自我更新能力的植物群落。并且在城市园林绿地中模拟自然植物群落，恢复地带性植被时应保证最大的生物多样性，即尽可能地按照该生态系统退化前的物种组成及多样性水平安排植物。在城市建设中，应本着"少破坏，多补偿"的原则，提倡在建设园林景观的同时尽量保护原生态，并在建成之后，通过园林建设补偿原有的生态。中央已把"加快建立生态弥补机制"写入国民经济和社会发展的"十二五"规划建议，这一模式有望在更大范围内更快地推广。此外，在恢复地带性植被时，应首选乡土树种，既可以降低成本，又可以提高植物的成活率。"园林城市"评审标准中，就将乡土树种的应用作为其中的一个评审依据，借此通过行政手段来推动乡土植物应用工作的开展。

3.植物资源的保护与开发

我国植物资源极其丰富，仅种子植物就有 25000 种以上，其中乔灌木种类约 8000 种之多。我国丰富的植物资源曾为世界园林做出了很大的贡献，最为著名的便是蔷薇属于（Rosa）植物的杂交培育，现在广泛使用的 2 万多种现代月季品种就是欧洲蔷薇与中国蔷薇杂交培育而成，诸如此类的还有山茶（Camellia）、杜鹃（Rhododendron）、玉兰（Magnolia）等。近几年，相应的部门纷纷成立了自然保护区、风景区以及大型植物园，建立基因库，加强植物种质资源的保护、利用、开发。截至 2010 年底，林业系统管理的自然保护区已达 2035 处，总面积 1.24 亿公顷，占全国国土面积的 12.89%，其中，国家级自然保护区 247 处、面积 7597.42 万公顷。年末实有自然保护小区 488 万个，总面积 1588 万公顷。在大规模生态弥补、自然维护区建设等推动下，中国曾经遭受破坏的森林生态系统等得到恢复，湖北神农架、贵州黔东南、青海湖地区等一批"动植物避难所"再现生机，为保护"物种基因库"发挥了重要作用。比如，湖北神农架林区是联合国教科文组织"人与生物圈"维护区网成员、世界银行"亚洲生物多样件维护示范区"，在过去 5 年里，研究人员在该区域内发现了一批新植物，其中 23 种基本确定为全球植物种系家族的新成员，143 种为当地的植物新记录。再如各地植物园，除了科普教育功能，还承担有种质资源收集、保护等工作，华东地区规模最大的植物园——上海辰山植物园 2010 年 4 月园内已收集到植物约 9000 种，其中最多的属华东地区的植物，共有 1500 余种，上海辰山植物园也由此成为拥有华东区系植物最多的植物园，2010 年 12 月，辰山植物园收集的珍稀濒危活植物（即国家一、二级保护植物）达到 107 种，部分为野外仅存若干株的珍贵物种，有的则具有极强观赏性，还有不少是价值很高的药用植物和野生水果植物。

在挖掘和保护原有植物品种的同时，科研人员和园林工作者加强了对优良品种的选育，以及开展了大量有关植物抗污、吸毒及改善环境功能的研究，并将研究成果应用于实践。近年来，我国先后从国外引进了千余种优良树种（品种），其中具有推广价值的达 200 种以上，已广泛应用于生产的有几十种，悬铃木、池杉、落羽杉、美洲黑杨、湿地松、火炬松等从国外引进的树种部已经在我国的林业生产及景观创造中发挥了巨大的作用。比如，现今上海城市绿化引进 500 多个品种，上海市园林科学研究所 2004 年先后从加拿大、日本等引入 30 多种彩色树，针对包括红色的北美枫香和红花七叶树等，金黄色的金叶梓树、金叶皂荚、北美栎树等彩色树的种植、养护开展科研攻关。再如，天津市 2D114 栽种的花草树木已达 4 万余种，仅"市树"白蜡就有 6 个品种，"市花"月季品种多达 200 余种，通过培育和引进了美国白蜡、金叶白蜡、紫叶矮樱、晚樱、北美海棠、金叶榆、金叶国槐、千头春、碧叶桃、菊花桃、红叶桃等 300 种新优绿化植物，极大地丰富了城市植物景观。

4.设计思想的回归与升华

文化的国际化和趋同化更加要求文化的民族化、地方化和多样化，植物作为园林主要构景要素之一，承载着太多的历史文化，古典园林中植物的寓意以及植物配置方法无不凝结着中国特有的民族文化。回顾历史并非是照搬古迹，而是将其中精华的部分与现代人的需求以及现代造景材料、生产技术等相结合，创造具有现代风格的中国园林景观。比如，杭州花港观鱼公园，全园面积 20 公顷，以"花"和"鱼"为主题，全园观赏植物共采用 157 个树种，以传统名花牡丹、海棠、樱花为主调，构筑了一系列富有民族特色的景观——红鱼池、牡丹园、花港等，同时采用现代造景手法，设置疏林草地景观——草坪面积占全园总面积的 40％左右，尤其是雪松草坪区（图 1-29），以雪松与广玉兰树群组合为背景，构成开阔空间，显得气势豪迈，还有柳林草坪区与合欢草坪区，配置以四时花木，打造"乱花渐欲迷人眼，浅草才能没马蹄"的景观效果，既增加了空间林缘线的层次变化，又为游人提供了庇荫、休憩场所。

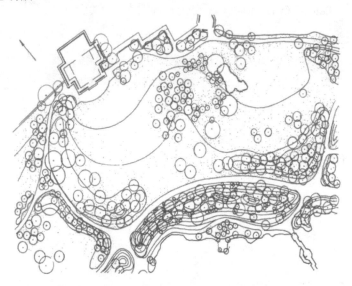

图 4-29 杭州"花港观鱼"公园雪松草坪区平面图

图 4-30 杭州"花港观鱼"公园雪松草坪区

　　对传统的继承是一种思想回归以及再升华的过程，在这一过程中现代设计师又将现代景观设计理念融于其中，去追求突破和创新，正如凤凰涅槃般重生，前面提到的上海辰山植物园的设计就是这样的。上海辰山植物园（Shanghai Chen Shan Botanical Garden）规划设计单位为德国瓦伦丁设计组合，设计主创克里斯多夫·瓦伦丁（Christoph Valentien）教授与其设计团队因地制宜，将植物园布局成中国传统篆书中的"园"字，极富中国特色[图4-31（a）]，而由清华大学的朱育帆教授设计的矿坑花园是植物园中最大的亮点[图4-31（b）]，花园的原址为一处采石场遗址，设计者通过生态修复，并对深潭、坑体、迹地及山崖进行适当的改造，配置以植物，使其成为一座风景秀美的花园。

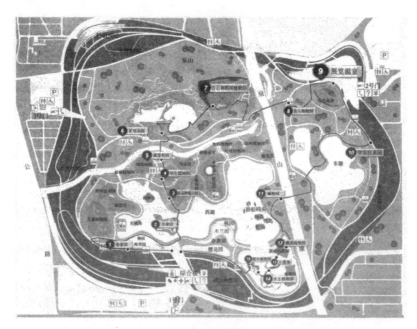

（a）平面图

（b）矿坑花园鸟瞰效果

图 4-31 上海辰山植物园

　　植物、环境、人之间都是相互依存的，它们构成的是一个有机的整体。因此设计师应该统筹兼顾，结合当今文化思想、生活方式、价值观念以及科学发展动态等进行园林景观的设计，使整个景观实用、美观，又兼具品位。

第五章 园林植物的功能

植物的功能可以概括为以下几个方面：

生态环保：表现为净化空气、防治污染、防风固沙、保持水土、改善小气候以及环境监测等方面。

空间构筑：与室内空间相对应，植物可以用于空间的界定、分隔、围护以及拓展等方面。

美学观赏：植物作为四大构景要素之一，能够优化美化环境，给人以美的享受。

经济效益：植物还能够产生巨大的直接和间接的经济效益。

设计师应该在拿捏植物观赏特性和生态学属性的基础上，对植物加以合理利用，从而最大限度地发挥植物的效益。

第一节 植物生态环保功能

一、保护和改善环境

植物保护和改善环境的功能主要表现在净化空气、杀菌、通风防风、固沙、防治土壤污染、净化污水等多个方面（图 5-1）。

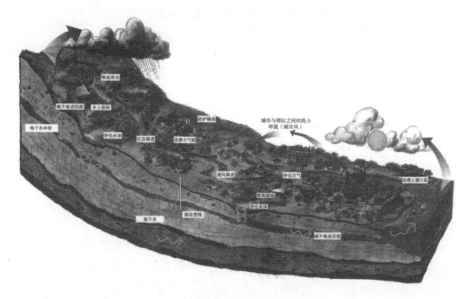

图 5-1 植物的生态环保功能

（一）碳氧平衡（固碳释氧）

绿色植物就像一个天然的氧气加工厂——通过光合作用吸收二氧化碳 CO_2，释放氧气 O_2，调节大气中的 CO_2 和 O_2 的比例平衡。有关资料表明，每公顷绿地每天能吸收 $900kgCO_2$，生产 $600kgO_2$，每公顷阔叶林在生长季节每天可吸收 $1000kgCO_2$，生产 $750kgO_2$，供 1000 人呼吸所需要；生长良好的草坪，每公顷每小时可吸收 $CO_2 15kg$，而每人每小时呼出的 CO_2 约加 38g，所以在白天如有 $25m^2$ 的草坪或 $10m^2$ 的树林就基本可以把一个人呼出的 CO_2 吸收。因此，一般城市中每人至少应有 $25m^2$ 的草坪或 $10m^2$ 的树林，才能调节空气中 CO_2 和 O_2 的比例平衡，使空气保持清新。如考虑到城市中工业生产对 CO_2 和 O_2 比例平衡的影响。则绿地的指标应大于以上要求。此外，不同类型的植物以及不同的配置模式其固碳释氧的能力各不相同，具体内容参见表 5-1。

表 5-1 不同类型植物的固碳释氧能力

植物类别	年均吸收 CO_2 量（t/hm^2）	年均释放 O_2 量（t/hm^2）	植物类别	年均吸收 CO_2 量（t/hm^2）	年均释放 O_2 量（t/hm^2）
常绿乔木	330	240	落叶灌木	203	147
落叶乔木	217	164	乔、灌木混合	252	183

（二）吸收有害气体

污染空气和危害人体健康的有毒有害气体种类很多，主要有 SO_2、NO_x、Cl_2、HF、NH_3、Hg、Pb 等。在一定浓度下，有许多种类的植物对它们具有吸收和净化功能，但植物吸收有害气体的能力各有差别，具体内容参见表 2-2。

需要注意的是，"吸毒能力"和"抗毒能力"并不一定统一，比如美青杨吸收 SO_2 的量达到 369.54mg/m^2，但是叶片会出现大块的烧伤，所以美青杨的吸毒能力强，但是抗毒能力弱，而桑树吸收 SO_2 的量为 104.77mg/m^2，叶面几乎没有伤害，所以它的吸毒能力弱，但抗性却较强，这一点在选用植物时应该注意。

表 4-2 植物吸收有害气体能力对照表

有害气体	吸收有害气体的能力			吸毒、抗毒能力都强的植物类型	规律
	强	中	弱		
SO_2	忍冬、臭椿、美青杨、卫矛、旱柳、加杨、山楂、洋槐、广玉兰、中国槐、梧桐、樟树、杉、柏树、柳杉等	山桃、榆、锦带、花曲柳、水蜡等	连翘、皂角、丁香、山梅花、圆柏、胡桃、刺槐、桑、银杏、油松、云杉等	卫矛、忍冬、旱柳、榆、臭椿、花曲柳、山桃、水蜡等	木本植物＞草本植物＞落叶树＞常绿阔叶树＞针叶树
Cl_2	银柳、旱柳、美青杨、臭椿、赤杨、水蜡、卫矛、忍冬、花曲柳、银桦、悬铃木、柽柳、女贞、君迁子、油松、夹竹桃等	刺槐、雪柳、山梅花、白榆、丁香、山槐、茶条槭、桑等	皂角、银杏、珍珠花、黄檗、连翘等	银柳、旱柳、臭椿、赤杨、水蜡、卫矛、花曲柳、忍冬等	
氧化物	泡桐、梧桐、银桦、滇杨、拐枣、加杨、柑橘类、月季、洋槐、白蜡、海桐、棕榈等	女贞、桑、垂柳、刺槐、朴、梓树、葡萄、桃、大叶黄杨、榉树、毛白杨、臭椿等	侧柏、油松、苹果等	泡桐、月季等	

（三）吸收放射性物质

树木本身不但可以阻隔放射性物质和辐射的传播，而且可以起到过滤和吸收的作用。根据测定，栎树林可吸收 1500 拉德的中子——伽玛混合辐射，并能正常的生长。所以在有放射性污染的地段设置特殊的防护林带，在一定程度上可以防御或者减少放射性污染产生的危害。通常常绿阔叶树种比针叶树种吸收放射性污染的能力强，仙人掌、宝石花、景天等多肉植物、栎树、鸭跖草等也有较强的吸收放射性污染的能力。

（四）滞尘

虽然细颗粒物只是地球大气成分中含量很少的部分，但它对空气质量、能见度等有很重要的影响。大气中直径小于或等于 2.5 微米的颗粒物称为可入肺颗粒物，即 PM2.5，其化学成分主要包括有机碳（OC）、元素碳（EC）、硝酸盐、硫酸盐、铵盐、钠盐（Na^+）等。与较粗的大气颗粒物相比，细颗粒物粒径小，富含大量的有毒、有害物质，且在大气中的停留时间长、输送距离远，因而对人体健康和大气环境质量的影响更大。据悉，2012 年联合国环境规划署公布的《全球环境展望报告 5》指出，每年有 70 万人死于因臭氧导致的呼吸系统疾病，有近 200 万的过早死亡病例与颗粒物污染有关。《美国国家科学院院刊》（PNAS）也发表了研究报告，报告中称，人类的平均寿命因空气污染很可能已经缩短了五年半。

能吸收大气中 PM2.5，阻滞尘埃和吸收有害气体，能减轻空气污染的植物被称为 PM2.5 植物。这些植物具有以下特征：其一，植物的叶片粗糙，或有褶皱，或有绒毛，或附着蜡质，或分泌黏液，可吸滞粉尘；其二，能吸收和转化有毒物质能力，吸附空气中的硫、铅等金属和非金属；其三，植物叶片的蒸腾作用增大了空气的湿度，尘土不容易漂浮。

吸滞粉尘能力强的园林树种：

北方地区：刺槐、沙枣、国槐、白榆、刺楸、核桃、毛白杨、构树、板栗、臭椿、侧柏、华山松、木槿、大叶黄杨、紫薇等。

中部地区：白榆、朴树、梧桐、悬铃木、女贞、重阳木、广玉兰、三角枫、桑树、夹竹桃等。

南方地区：构树、桑树、鸡蛋花、刺桐、羽叶垂花树、苦楝、黄葛榕、高山榕、桂花、月季、夹竹桃、珊瑚兰等。

（五）杀菌某些植物的分泌物具有杀菌作用

绿叶植物大多能分泌出一种杀灭细菌、病毒、真菌的挥发性物质，如侧柏、柏木、圆柏、欧洲松、铅笔松、杉松、雪松、柳杉、黄栌、盐肤木、锦熟黄杨、尖叶冬青、大叶黄杨、桂香柳、胡桃、黑胡桃、月桂、欧洲七叶树、合欢、树锦鸡儿、刺槐、槐、紫薇、广玉兰、木槿、大叶桉、蓝桉、柠檬桉、茉莉、女贞、日本女贞、洋丁香、悬铃木、石榴、枣、水栒子、枇杷、石楠、狭叶火棘、麻叶绣球、银白杨、钻天杨、垂柳、栾树、臭椿以及蔷薇属植物等。除此之外，芳香植物大多具有杀菌的效能，比如晚香玉、除虫菊、野菊花、紫茉莉、柠檬、紫薇、茉莉、兰花、丁香、苍术、薄荷等。

无论是城市空间，还是庭院、公园、居住区，都需要组织好通风渠道或者通风的廊道，即"风道"。城市通风廊道是利用风的流体特性，将市郊新鲜洁净的空气导入城市，市区内的原空气与新鲜空气经湿热混合之后，在风压的作用下导出市区，从而使城市大气循环良性运转。在城市建设中营造通风廊道有利于城市内外空气循环、缓解热岛效应，同时也是利用自然条件在城市层面上的一种节能设计措施。城市绿地与道路、水系结合是构成风道的主要形式，通常进气通道的设置一般与城市主导风向成一定夹角，并以草坪、低矮的植物为主，避免阻挡气流的通过，而城市排气通道则应尽量与城市主导风向一致。另外，由于城市热岛效应的存在，如果在城市郊区设置大片的绿地，则在城市与郊区之间就会形成对流，可以降低城市温度、加速污染物的扩散。现今，很多城市都非常重视城市通风廊道的规划和建设，比如武汉市规划有六条生态绿色走廊，构成了六条"风道"，最窄二三公里，最宽十几公里，它能使武汉夏季最高温度平均下降 1~2℃。南京市也规划有六条"风道"，即利用山体河谷等自然条件建设的六条生态带。南京冬季以东北风为主，夏季以东南风为主，这些生态带的走向基本与这两个风向一致。

一个城市需要设置通风廊道，对于一处庭院、园区或者居住区，也是一样——在夏季主导风向设置绿地、水面，场地内部根据主导风间布置道路绿带、形成释氧绿地和通风通道。

1.防风

由植物构成的防风林带可以有效地阻挡冬季寒风或海风的侵袭,经测定,防风林的防风效果与林带的结构以及防护距离有着直接的关系,由表 5-3 可以看出疏透度为 50% 左右的林带防风效果最佳,而并非林带越密越好。据测算,如果复层防风林高度为 H,则次迎风面 10H 和背风面 30H 范围内风速都有不同程度的降低,如图 5-2 所示。另外,防风林带设计还需注意防风树种的选择,具体内容请参见表 5-4。

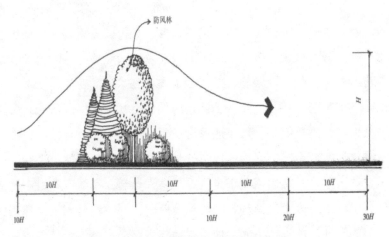

图 2-2 林带的防风效果分析

表 2-3 不同结构林带的防风效果比照（沈阳以旷野风速为 100%）

林带结构					不同位置相对风速（以树高倍数计算）（%）					
结构类型	透风系数	疏透度（%）	有效防风距离（树高的倍数）	最佳位置	0~5	0~10	0~15	0~20	0~25	0~30
紧密结构	<0.3	<20	10~25（以20倍作为标准）	与主导风向垂直	25	37	47	54	60	65
疏透结构	0.4~0.5	30~50			26	31	39	46	52	57
透风结构	>0.6	>60			49	39	40	44	49	54

表 2-4 防风林适宜的结构与树种

最佳林带结构	最佳树种选择	北方防风树种	南方防风树种
疏透度为50%	抗风能力强、生长快、寿命长、叶小、树冠为尖塔或圆柱形的乡土树种	杨、柳、榆、桑、白蜡、桂香柳、柽柳、柳杉、扁柏、花柏、紫穗槐、槲树、蒙古栎、春榆、水曲柳、复叶槭、银白杨、云杉、欧洲云杉、落叶松、冷杉、赤松、银杏、朴树、麻栎、光叶榉等	马尾松、黑松、圆柏、榉、乌桕、柳、台湾相思、木麻黄、假槟榔、桄榔、相思树、罗汉松、刚竹、毛竹、青冈栎、栲树、山茶、珊瑚树、海桐等

防范和控制森林火灾的发生，特别是森林大火的发生，最有效的办法是

在容易起火的田林交界、入山道路营造生物防火林带，变被动防火为主动防火，不但能节约大笔的防火经费，而且能优化改善林木结构。经过多年的实践，人们逐渐筛选出一些具有防火功能的植物，它们都具有含树脂少、不易燃、萌芽力强、分蘖力强等特点，而且着火时不会产生火焰。

常用的防火树种有：刺槐、核桃、加杨、青杨、银杏、荷木、珊瑚树、大叶黄杨、栓皮栎、苦槠、石栎、青冈栎、茶树、厚皮香、交让木、女贞、五角枫、桤木等。

植物的水土保持功能最主要的应用就是护坡，与石砌护坡相比，植物护坡美观、生态、环保、成本低廉，所以现在植物护坡也越来越普遍。园林绿化施工中，护坡绿化难度相对较大，尤其是超过 30°的斜坡，土壤较瘠薄、保水力下降，必然影响到植物成活和长势。所以，扩坡植物一定要耐干旱、耐贫瘠、适应性强，并且在栽植的过程中，还要与现代的施工技术相结合，保证植物的生长。

（六）减弱噪音→通过枝叶的反射，阻止声波穿过

植物消减噪声的效果相当明显，据测定，10m 宽的林带可以减弱噪声30％、20m 宽的林带可以减弱噪声 40％，30m 宽的林带可以减弱噪声 50％，40m 宽的林带可以减弱噪声 60％，草坪可使噪声降低 4dB，住宅用攀援植物，如爬山虎、常春藤等进行垂直绿化时，噪声可减少约 50％。

经测定，隔音林带在城区以 6~15m 最佳，郊区以 15~30m 为宜，林带中心高度为 10m 以上，林带边沿至声源距离 6~15m 最好，结构以乔灌草相结合最佳。通常高大、枝叶密集的树种隔音效果较好，比如雪松、桧柏、龙柏、水杉、悬铃木、梧桐、垂柳、云杉、山核桃、柏木、臭椿、樟树、榕树、柳杉、桂花、女贞等。

（七）生态修复

人们发现植物可以吸收、转化、清除或降解土壤中的污染物，所以现阶段对于利用"植物修复（Phytoremediation）"技术治理土壤污染的研究越来越多。比如芝加哥是美国儿童铅中毒数目最多的地区，每年有 2 万多名 6 岁

以下儿童被确定为血液中铅（Pb）含量超标。当地通过种植向日葵等植物来吸收土壤中的铅（Pb），收效显著。1968 年乌克兰切尔诺贝利核电站事故后也通过种植向日葵等植物清除地下水以及土壤中的核辐射。

"植物修复"技术的具体操作是将某种特定的植物种植在污染的土壤上，而该种植物对土壤中的污染物具有特殊的吸收、富集能力，将植物收获并进行妥善处理（如灰化回收）后可将该种污染物移出土壤，达到污染治理与生态修复的目的。

利用植物来净化污水也是现今较为经济有效的方法之一。普遍认为漂浮植物吸收能力强于挺水植物，而沉水植物最差；与木本植物相比单本植物对污水中的污染物具有较高的去除率；科学家还发现，一些水生和沼生植物如凤眼莲（又叫凤眼兰或水葫芦）、水浮莲、水风信子、菱角、芦苇和蒲草等，能从污水中吸收金、银、汞、铅、银等重金属，可用来净化水中有害金属，如表 5-5 所示、如图 5-3 所示，由植物组成的种植床可以有效地吸收水中的重金属等污染物质。

表 5-5 可净化水体的植物

类型	可供选择的植物
水生或者湿生植物	凤眼莲、莲子草、宽叶香蒲、水芹菜、莲藕、茭白、慈姑、水稻、西洋菜、水浮莲、水风信子、菱角、芦苇、蒲草、水葱、水生薄荷等
陆生植物	丝瓜、金针菜、鸢尾、半枝莲、大蒜、香葱、多花黑麦草等

据测定，$1hm^2$ 凤眼莲，1 天内可从污水中吸收银 1.25kg，吸收金、铅、镍、镉、汞等有毒重金属 2.175kg；$1hm^2$ 水浮莲，每 4 天就可从污水中吸收 1.125kg 的汞。植物不仅可吸收污水中的有害物质，而且还有许多植物能分泌些特殊的化学物质，与水中的污染物发生化学反应，将有害物质变为无害物质。还有一些植物所分泌的化学物质具有杀菌作用，使污水中的细菌大大减少，比如水葱、水生薄荷和田蓟等都具有很强的杀菌本领。因此，国外有的城市制备自来水时，就利用水葱来杀菌。

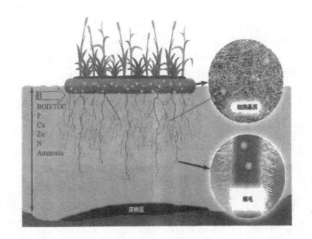

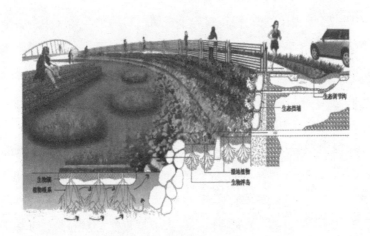

图 5-3 植物的水体净化功能示意图

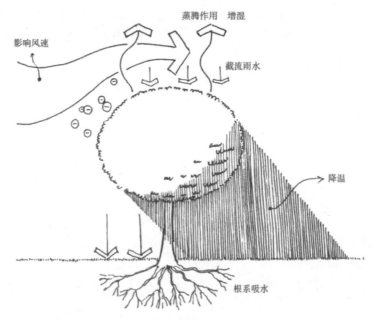

图 5-4 植物具有调解小气候的功能

二、环境监测与指示植物

科学家通过观察发现，植物对污染物的抗性有很大差异，有些植物十分敏感，在很低浓度下就会受害，而有些植物在较高浓度下也不受害或受害很轻。因此，人们可以利用某些植物对特定污染物的敏感性来监测环境污染的状况，如表 5-6 所示。利用植物这一报警器，简单方便，既监测了污染，又美化了环境，可谓一举两得。

表 5-6 植物的环境监测功能

污染物	症状	受害部位及其顺序	监测植物
SO₂	叶脉间出现黄白色点状"烟斑"，轻者只在叶背气孔附近，重者从叶背到叶面	先期是叶片受害，然后是叶柄受害，后期为整个植株受害先成熟叶，然后是老叶，	地衣、紫花苜蓿、菠菜、胡萝卜、凤仙花、翠菊、四季秋海棠、天竺葵、锦葵、含羞草、茉莉、杏、山定子、紫丁香、月季、枫杨、

	均出现"烟斑"	最后是幼叶	白蜡、连翘、杜仲、雪松、红松、油松、大麦、燕麦、葡萄、桃、李、梧桐、棉花、紫茉莉等
Cl$_2$	点、块状褪色伤斑，叶片严重失绿，甚至全叶漂白脱落	其伤斑部位大多在脉间，伤斑与健康组织之间没有明显界限	波斯菊、金盏菊、天竺葵、蛇目菊、硫华菊、锦葵、四季秋海棠、福禄考、一串红、石榴、竹、复叶槭、桃、苹果、柳、落叶松、油松、报春花、雪松、黑松、广玉兰等
HF氟化物	其伤斑呈环带分布，然后逐渐向内扩展，颜色呈暗红色，严重时叶片枯焦脱落	伤斑多集中在叶尖、叶缘，叶脉间较少先幼叶受害，再老叶受害	唐菖蒲、玉簪、郁金香、锦葵、地黄、万年青、萱草、草莓、雪松、玉蜀、杏、葡萄、榆叶梅、紫薇、复叶槭、梅、杜鹃、剑兰等
光化学烟雾	片背面变成银白色、棕色、古铜色或玻璃状。叶片正面还会出现一道横贯全叶的坏死带，受害严重时会使整片叶变色，很少发生点块状伤斑	伤斑大多出现在叶表面，叶脉间较少中龄叶最先受害	菠菜、莴苣、西红柿、兰花、秋海棠、矮牵牛、蔷薇、丁香、早熟禾、美国五针松、银槭、梓树、皂荚、葡萄、悬铃木、连翘、女贞、垂柳、山荆、杏、桃、烟草、菠萝等
NO$_2$	出现黄化现象，呈条状或斑状不一，幼叶在黄化现象产生之前就可能先脱落	多出现在叶脉间或叶缘处	榆叶梅、连翘、复叶槭等
NH$_3$	伤斑点、块状，颜色为黑色或黑褐色	多为叶脉间	悬铃木、杜仲、龙柏、旱柳等

由于植物生活环境固定，并与生存环境有一定的对应性，所以植物可以

指示环境的状况。那些对环境中的一个因素或某几个因素的综合作用具有指示作用的植物或植物群落被称为指示植物（indicator plant，plantindicator）。按指示对象可分为以下几类：

1.土壤指示植物：如杜鹃、铁芒箕（狼箕）、杉木、油茶、马尾松等是酸性土壤的指示植物；柏木为石灰性土壤的指示植物；多种碱蓬是强盐渍化土壤的指示植物；马桑为碱性土壤的指示植物；荨草是富氮土壤的指示植物……

2.气候指示植物：如椰子开花是热带气候的标志。

3.矿物指示植物：如海州香薷是铜矿的指示植物。

4.环境污染指示植物：如表2-6中所列举的环境监测植物。

5.潜水指示植物：可指示潜水埋藏的深度、水质及矿化度、如柳属是淡潜水的指示植物，骆驼刺为微咸潜水的指示植物。

此外，植物的其些特征，如花的颜色、生态类群、年轮、畸形变异、化学成分等也具有指示某种生态条件的作用，在这里就不一一列举了。

第二节 植物的空间建筑功能

一、空间的类型及植物的选择

根据人们视线的通透程度可将植物构筑的空间分为开敞空间、半开敞空间、封闭空间三种类型，不同的空间需要选择不同的植物，具体内容请参见表5-7。

表5-7 空间的类型与植物的选择

空间类型	空间特点	选用的植物	适用范围	空间感受
开敞空间	人的视线高于四周景物的植物空间，视线通透，视野辽阔	低矮的灌木、地被植物、花卉、草坪	开放式绿地、城市公园、广场等	轻松、自由
半开敞空间	四周不完全开敞，有部分视角用植物遮挡	高大的乔木、中等灌木	入口处，局部景观不佳，开敞空间到封闭空间的过渡区域	若即若离、神秘
封闭空间	植物高过人的视线，使人的视线受到制约	高灌木、分枝点低的乔木	小庭院、休息区、独处空间	亲切、宁静

二、植物的空间构筑功能

（一）利用植物创造空间

与建筑材料构成室内空间一样，在户外植物往往充当地面、天花板、围墙、门窗等作用，其建筑功能主要表现在空间围合、分隔和界定等方面。

表 5-8 植物的空间构筑功能

植物类型		空间元素	空间类型	举例
乔木	树冠茂密	屋顶	利用茂密的树冠构成顶面覆盖，树冠越茂密，顶面的封闭感越强	如图 2-5 所示，高大乔木构成封闭的顶面，创造舒适凉爽的林下休闲空间
	分枝点高	栏杆	利用树干形成立面上的围合，但此空间是通透的或半通透的空间，树木栽植越密，则围合感也越强	如图 2-6 所示，分枝点较高的乔木在立面上能够暗示空间的边界，但不能完全阻隔视线 如图 2-7 所示，道路两侧栽植银杏，在界定空间的同时，又保证了视线的通透
	分支点低	墙体	利用植物冠丛形成立面上的围合，空间的封闭程度与植物种类、栽植密度有关	如图 2-8 所示，常绿植物阻挡了视线，形成围合空间
灌木	高度没有超过人的视线	矮墙	利用低矮灌木形成空间边界，但由于视线仍然通透，相邻两个空间仍然相互连通，无法形成封闭的效果	如图 2-8 所示，低矮的灌木仅能够界定空间，而不能够封闭空间
	高度超过人的视线	墙体	利用高大灌木或者修剪的高篱形成封闭的空间	如图 5-9 所示，高大灌木阻挡了视线，形成空间的围合
草坪、地被		地面	利用质地的变化暗示空间范围	如图 5-10 所示，尽管没有立面上具体的界定，但草坪与地被之间的交界线暗示了空间的界限，预示了空间转变

（二）利用植物组织空间

在园林设计中，除了利用植物组合创造一系列不同的空间之外，有时还需要利用植物进行空间承接和过渡——植物如同建筑中的门、窗、墙体一样，为人们创造一个个"房间"，并引导人们在其中穿行。

图 5-5 高大乔木形成的林下空间

图 5-6 分枝点较高的乔木形成的半开敞的空间效果

图 5-7 银杏行植形成通透的视觉效果

图 5-8 不同植物形成的空间围合效果对比

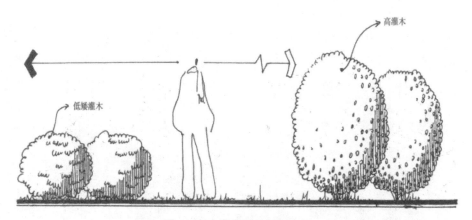

图 5-9 高大灌木形成封闭空间

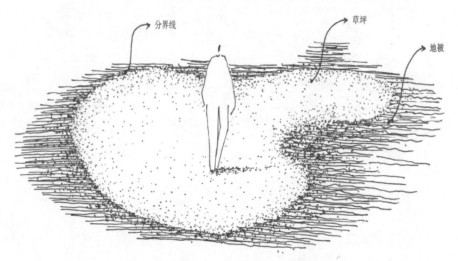

图 5-10 利用地被、草坪暗示空间的变化

第三节 美学观赏功能

植物的美学观赏功能也就是植物美学特性的具体展示和应用，其主要表现为利用植物美化环境、构成主景、形成配景等方面。

一、主景

植物本身就是一道风景，尤其是一些形状奇特、色彩丰富的植物更会引起人们的注意，如图 5-11 中城市街道一侧的羊蹄甲成为城市街景中的"明星"。但是并非只有高大乔木才具有这种功能，应该说，每一种植物都拥有这样的"潜质"，问题是设计师是否能够发现并加以合理利用。比如在草坪中，一株花满枝头的紫薇就会成为视觉焦点（图 5-11）；一株低矮的红枫在绿色背景下会让人眼前一亮；在阴暗角落，几株玉簪会令人赏心悦目……也就是说，作为主景的，可以是单株植物，也可以是一组植物，景观上或者以造型取胜，或者以叶色、花色等夺人眼球，或者以数量形成视觉冲击性，此类种种，在此就不一一列举了。

图 5-11 城市街景中的明星——羊蹄甲

二、障景之景屏

古典园林讲究"山穷水尽、柳暗花明",通过障景,使得视线无法通达,利用人的好奇心,引导游人继续前行,探究屏障之后的景物,即所谓引景。其实障景的同时就起到了引景的作用,而要达到引景的效果就需要借助障景的手法,两者密不可分。如图 5-12 所示,道路转弯处栽植一株花灌木,一方面遮挡了路人的视线,使其无法通视,增加的景观的神秘感,丰富了景观层次,另一方面这株花灌木也成为视觉的焦点,构成吸引游人前行的引景。

在景观创造的过程中,尽管植物往往同时担当障景与引景的作用,但面对不同的状况,某一功能也可能成为主导,相应的所选植物也会有所不同。比如在视线所及之处景观效果不佳。或者有不希望游人看到物体,在这个方向上栽植的植物主要承担"屏障"的作用,而这个"景"一般是"引"不得的,所以应该选择枝叶茂密、阻隔作用较好的植物,并且最好是"拒人于千里之外"的,一些常绿色针叶植物应该是最佳的选择,比如云杉、桧柏、侧柏等就比较适合。如图 5-13 所示,某企业庭院紧邻城市主干道,外围有立交桥、高压电线等设施,景观效果不是太好,所以在这一方向上栽植高大的松柏,阻挡视线。与此相反,某些景观隐匿于园林深处,此时引景的作用就要更重要些了,而陈景也是必要的,但是不能挡得太死,要有一种"犹抱琵琶半遮面"的感觉,此时应该选择枝叶相对稀疏、观赏价值较高的植物,如油松、银杏、栾树、红枫(图 5-14),或者几杆翠竹等,正所谓"极目所至,俗则屏之,嘉则收之"。

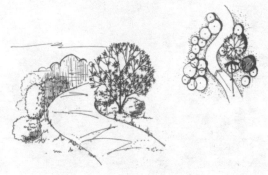

图 5-12 植物的障景和引景功能

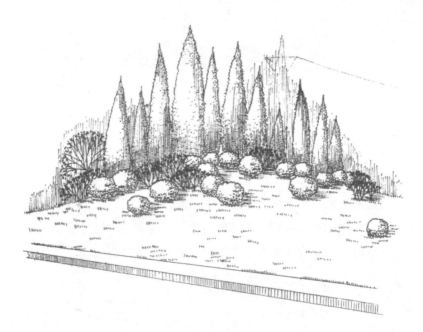

图 5-13 利用植物屏障遮挡不佳的景观

图 5-14 道路转弯处的日本红枫形成障景和引景

第四节 植物的经济学功能

无论是日常生活，还是工业生产，植物一直在为人类无私的奉献着，植物作为建筑、食品、化工等的主要原料，产生了巨大的直接经济效益（表 2-9）；通过保护、优化环境，植物又创造了巨大的间接经济效益。如此看来，如果我们在利用植物美化、优化环境的同时，又能获取一定的经济效益，这又何乐而不为呢！当然，片面的强调经济效益也是不可取的，园林植物景观的创造应该是满足生态、观赏等各方面需要的基础上，尽量提高其经济效益。

表 5-9 园林植物产生的经济效益

	具体应用	园林植物
木林加工	建筑材料、装饰材料、包装材料等	落叶松、红松、椴树、白蜡、水曲柳、核桃楸、柚木、美国花旗松、欧洲赤松、芸香、黄檀、紫檀、黑槭、栓皮栎（软木）等
畜牧养殖	枝、梢、叶作为饲料、肥料	牧草，如紫花苜蓿、红豆草等；饲料原材料，如象草
工业原料	树木的皮、根、叶可提炼松香、橡胶、松节油等	松科松属的某些植物，如油松、红松等都可以提取松节油、松香油、橡胶树可以提取橡胶
燃料	薪材	杨树、白榆、落叶松、云杉等
	燃油（汽油、柴油）	油楠、苦配巴（巴西）、文冠果、小桐子、黄连木、光皮树、油桐、乌桕、毛梾、欧李、翅油果、石栗树、核桃、油茶等
医药	药用植物	金银花、杜仲、贝母、沙棘、何首乌、芦荟、石刁柏、番红花、唐松草、苍术、银杏、樟、多数芳香植物等
食品	果实、蔬菜、饮料、酿酒、茶、食用油	苹果、梨、葡萄、海棠、玫瑰、月季、枇杷、杏、板栗、核桃、柿、松属（松子）、榛、无花果、莲藕、茭白、荔枝、龙眼、柑橘等

在景观设计中，尤其是植物景观设计中，应该首先明确各处需要植物承担的功能，再有针对性地选择相应的植物或者植物组团，以保证景观达到预期效果。

第六章 植物造景的生态学原理

植物的生态学特性就是植物正常生长发育所需的生态环境因子,如温度、水分、光照、土壤、空气等，是影响植物选择、景观创造的重要因素之一。

第一节 影响植物生长的生态因子

一、温度

（一）与温度有关的概念

温度的三基点：植物在生长发育过程中所需的最低、最适、最高温度。

植物生长期积温：植物在生长期中高于某温度值以上的昼夜平均温度的总和。

植物有效积温：植物开始生长活动的某一段时期内的温度总和。

温周期：植物对昼夜温度变化的适应性，主要表现为种子发芽、植物生长、开花结果等。

物候期：五天为一"候"，凡是每候的平均温度为 10~22℃的属于春秋季，在 22℃以上的属夏季，在 10℃以下的为冬季，为了适应季节性的变化植物表现的生长发育节律就称为物候期，例如大多数植物春季发芽，夏季开花，秋季结实，冬季休眠。

寒害：植物在温度不低于 0℃受害甚至死亡，称之为寒害。

冻寒：当气温降至 0℃以下，导致一些植物受害，称之为冻害。

霜害：当气温降至 0℃时，空气中过饱和的水汽在植物表面结成霜，导致植物受害，称之为霜害。

（二）植物与温度

温度是影响植物分布的重要因子，因温度直接影响着植物的光合作用、呼吸作用、蒸腾作用，从而影响到植物的成活率和生长势，温度过高或者过低都不利于植物的生长发育。如表 6-1 所示，各气候带温度不同，植物类型也有所差异，选择植物时应该注意植物分布的南北界限以及植物所能承受的极限高温或者极限低温。

表 6-1 温度与植物的分布

分类	能够忍耐的最低温度	原产地	代表植物
耐寒性植物	-5~10℃，甚至更低	寒带或温带	油松、落叶松、龙柏、榆叶梅、榆树、紫藤、金银花等
半寒性植物	-5℃可以露地越冬	温带南缘或亚热带北缘	香樟、广玉兰、桂花、夹竹桃、南天竹等
不耐寒性植物	0~5℃，或更高的温度	热带及亚热带	棕榈、栀子花、无患子、青铜等

另外，由于季节性变温，植物形成了与此相适应的物候期，呈现出有规律的季相变化，在进行植物配置时应该熟练掌握植物的物候期以及由此产生的季相景观，合理配置，充分发挥植物的花、果、叶等的观赏特性。

二、光照

光对植物的作用主要表现在光照强度、光照时间和光谱成分三方面。

（一）光照强度对植物的影响

根据园林植物对光照强度的要求，植物可以分为阳性、耐阴、阴性三种类型，具体内容请参见表 6-2。

表 6-2 光照强度与植物

需光类型	光照强度	环境	植物种类	
阳性	全日照70％以上	林木的上层	月季、紫薇、木槿、银杏、悬铃木、泡桐以及大部分针叶植物等	
耐阴（中性）	全日照的5％~20％	植物群落中、下层，或生长在潮湿背阴处	偏阳性	榆属、朴属、榉属、樱花、樱花、枫杨等
			稍偏阴	槐、木荷、圆柏、珍珠梅属、七叶树、元宝枫、五角枫等
			偏阴性	冷杉属、云杉属、铁杉属、粗榧属、红豆杉属、椴属、荚蒾属、八角金盘、常春藤、八仙花、山茶、桃叶珊瑚、枸骨、海桐、杜鹃、忍冬、罗汉松、紫楠、棣棠、杜英、香榧等
阴性	80％以上的遮阴度	潮湿、阴暗的密林	蕨类植物、蓝科、苦苣苔科、凤梨科、天南星科、竹芋科、秋海棠属植物	

由于植物具有不同的需光性，使得植物群落具有了明显的垂直分层现象：阳性树种作为上木，应获得更多的阳光；中层为耐阴植物；而下层获得的阳光最少，甚至没有，所以只有阴生植物可以生存。自然规律是无法违背的，所以植物造景时，应按照植物的需光类型进行植物选择和搭配。

（二）光照时间对植物的影响

植物开花一定的日照长度，这种特性与其原产地日照状况密切相关，也是植物在系统发育过程中对于所处的生态环境长期适应的结果。每天的光照时数与黑暗时数的交替对植物开花的影响称为光周期现象，按照此现象将植物分为三类，具体内容见表 6-3。

表 6-3 光照时间与植物

光照时间	光照时数	分布	植物种类
长日照	＞14h	高纬度（纬度超过 60°的地区）	唐菖蒲、樱花、金盏菊、矢车菊、天人菊、罂粟、薄荷、薰衣草、牡丹、剑兰、矮牵牛、郁金香、睡莲等
短日照	＜12h	低纬度（热带、亚热带和温带）	菊花、大丽花、大波斯菊、紫花地丁、长寿花、一品红、牵牛花、蒲公英等
中间性	无要求	广泛	月季、扶桑、天竺葵、美人蕉等

　　通常延长光照时数会促进或延长植物生长，而缩短光照时数则会减缓植物生长或使植物进入休眠期。了解植物的光周期现象对植物的引种驯化工作非常重要，如果将植物由南方向北方引种，为了使其做好越冬的准备，可以缩短日照时数，使其提早进入休眠期，从而增强其抗逆性。植物开花也受到光照时数的影响，所以在现代切花生产、节日摆花等方面往往利用人工光源或遮光设备来控制光照时数，从而控制植物的花期，满足生产、造景的需要。

第二节 植物配置的生态学基础理论

一、植物群落及其类型

（一）植物群落概念

生态学认为，植物群落（plant community）是指一定的生境条件下，不同种类的植物群居在一起，占据了一定的空间和面积，按照自己的规律生长发育、演替更新，并同环境发生相互作用而形成的应该整体，在环境相似的不同地段有规律地重复出现。植被（vegetation）就是一个地区所有植物群落的总和。

（二）植物群落的分类

1.自然群落

自然群落是指在不同的气候条件及生境条件下自然形成的群落，自然群落都有自己独特的种类、外貌、层次、大小、边界、结构等。如西双版纳热带雨林群落，在很小的面积中往往就有数百种植物，群落结构复杂，常分为6~7 个层次，林内大小藤本植物、附生植物丰富；而东北红松林群落中最小群落仅有 40 多种植物，群落结构简单，常分为 2~3 个层次。总之，对于自然群落，环境越优越，群落中植物种类就越多，群落结构也越复杂。

2.人工群落

人工群落是指按人类需要把同种或不同种的植物配置在一起而形成的植物群落，其目的是为了满足生产、观赏。改善环境等需要，常见的类型有果园、苗圃、行道树、林荫道、林带等。植物造景中人工群落的设计，必须遵循自然群落的发展规律，并以自然群落组成、结构为依据，只有这样才能在科学性、艺术性上获得成功。

二、自然群落的特征

（一）自然群落的组成部分

植物群落是由一定数量的不同植物种类组成，这是群里最重要的特征，是决定群落外貌及结构的基础条件，植物群落内每种植物的数量是不等的，其中数量最多的植物种被称为"优势种"（dominant species），除此之外，还有亚优势种、伴优势种、偶见中等组成类型。

不同群落其种类组成的优势种是不同的，以森林群落为例，组成热带雨林的植物种类特别丰富，数量占绝对优势的是木本植物。在物种组成上，高等植物多乔木，还富含藤本植物和附生植物。

常绿阔叶林则主要以壳斗科、樟科、山茶科、木兰科等常绿阔叶树种为主。落叶阔叶林的优势树种为壳斗科的落叶乔木，如山毛榉属、枥属、栗属、椴属等，其次为桦木科、槭树科、杨柳科的一些种。

北方针叶林种类组成相对比较贫乏，乔木以松、云杉、冷杉和落叶松等属的树种占优势、另外，"优势种"能影响群落的发育和外貌特点，有着最适宜的环境条件，如云杉、冷杉或水杉群落的外形是尖塔形，整个群落表现为尖峭耸立的状态。

（二）自然群落的外貌

1.生活型（life form）

生活型（life form）是植物长期适应外界环境而形成的独特外部形态、内部结构和生态习性，比如针叶、阔叶、落叶、常绿、干旱草本等都是植物长期适应外界环境而形成的生活型。

植物的生活型有两种主要的分类体系，一种是生物型（又称为休眠型），由拉恩基尔（C.Raun-kiaer）提出，以休眠芽在不良季节的着生位置作为植物适应环境特征的主要标志。

另一种是以植物枝干、叶等特征作为植物综合适应环境的形态标志，称为生长型（growth form），具体内容请参见表 6-4。

表 6-4 生活型分类体系之一——生长型

分类	包含的种类
乔木	常绿阔叶、常绿硬叶、落叶阔叶、常绿针叶、落叶针叶、有刺乔木、丛生叶乔木（如棕榈、树蕨）、竹类等
灌木	常绿阔叶、常绿硬叶、落叶阔叶、常绿针叶、小叶旱生、无叶旱生、有刺旱生、肉质茎灌木（如仙人掌科等）、丛生叶（或莲座状）灌木（如剑麻、丝兰等）、硬质枕状灌木、垫状灌木等
半灌木	常绿叶，落叶，有刺旱生等
附生植物	木质附生、草质附生、蕨类附生等
藤本植物	木质藤本、草质藤本等
草本植物	高大草质茎植物（叶鞘叶柄紧密包裹形成茎，如芭蕉）、直立型（叶生茎上）、半莲座状（下部是基生叶，上部直立地上枝）、莲座状（具基生叶）、匍匐状、丛生型禾草、根茎型禾草、蕨类等
水生植物	固着型浮叶植物、浮游植物、沉水植物等
叶状体植物	苔藓、地衣、藻菌等

2.群落的高度（height）

植物群落中最高一群植物的高度，就是群落的高度。群落的高度与所处环境的海拔高度、温度及湿度有关。一般说来，在植物生长季节气候温暖多湿的地区，群落高大；在植物生长季节中气候寒冷或干燥的地区，群落矮小。热带雨林的高度多在 25~35m，最高可达 45m，甚至更高；亚热带常绿阔叶林高度在 15~25m，最高可达 30m；山顶矮林的一般高度在 5~10m，有的甚至仅有 2~3m。

第三节 植物造景的生态观

生态学理论的引入，使景观设计的思想和方法发生了重大转变，景观设计不再停留在某一个狭小的空间，植物景观也不是单纯为了好看，更多地担负起优化环境的作用。尤其是后工业时期，设计师面对大量工业废弃地，尊重自然规律、倡导循环利用等生态理念浮出水面，并被广泛地应用。

一、生态规划

（一）相关概念

生态规划（Ecological Planning）是以生态学原理为指导，应用系统科学、环境科学等多学科手段辨识、模拟和设计生态系统内部各种生态关系，确定资源开发利用和保护的生态适宜性，探讨改善系统结构和功能的生态对策，促进人与环境系统协调、持续发展的规划方法。

景观生态规划（Landscape Ecological Planning）是一项系统工程，它根据景观生态学的原理及其他相关学科的知识，以区域景观生态系统整体优化为基本目标，通过研究景观格局与生态过程以及人类活动与景观的相互作用，建立区域景观生态系统优化利用的空间结构和模式，使廊道、斑块、基质等景观要素的数量及其空间分布合理，使信息流、物质流与能量流畅通，并具有一定的美学价值，且适于人类居住。注重景观的资源与环境特性，强调人是景观的一部分及人类干扰对景观的作用。

（二）相关理论

1.共生原理

"共生"一词源于生物学，指不同种属的生物互相利用对方的特性和自己的特性一同生活、相依为命的现象。在我国古人早就提出了"五行学说"、

"相生相克"的"共生理论"。该理论着意使人类通过共生，实现与自然的合作，并确保它们之间的相互耦合与镶嵌，使整个体系向着有利于系统稳定的方向发展。对于植物，处于由人、场地以及其他生物构筑的体系中，同样要符合共生原理，方可实现景观体系的完整和稳定。

2.多重利用原理

所谓多重利用，可以理解为规划的多功能、多途径，即规划远不止一个目标，而对于每一个目标都可能会有若干方法加以实现。自然生态系统生生不息，为维持人类生存和满足其需要提供各种条件和过程，这就是所谓的生态系统的服务，这些服务包括：空气和水的净化，减缓洪灾和旱灾的危害，废弃物的降解和去毒，维持文化的多样性，提供美感和智慧启迪以提升人文精神……对于规划方案应该解决两个问题，一个是如何实现更多的目标，另一个是如何利用最快捷、最经济的方式实现目标。

第七章 植物造景的美学原理

第一节 园林植物的形态特征

园林植物种类繁多，姿态各异，每一种植物都有着自己独特的形态特性，经过合理搭配，就会产生与众不同的艺术效果。植物形态特征主要通过植物的大小（或者高矮）、外形以及质感等因素加以描述。

一、植物的大小

按照植物的高度、外观形态可以将植物分为乔木、灌木、地被三大类，如果按照成龄植物的高矮再加以细分，可以分为大乔木、中乔木、小乔木、高灌木、中灌木、矮灌木、地被等类型。

二、植物的外形

植物的外形指的是单株植物的外部轮廓。自然生长状态下，植物外形的常见类型有：圆柱形、尖塔形、圆锥形、伞形、球形、半球形、卵圆形、倒卵形、广卵形、匍匐形等，特殊的有垂枝形、拱枝形、棕榈形等。

第二节 园林植物的色彩特征

一、色彩基础理论

（一）色彩构成

色彩，可分为无彩色和有彩色两大类。前者如黑、白、灰，后者如红、黄、蓝等颜色。同一色彩又有着不同明度、色相、彩度，各种不同的颜色构成了这个丰富多彩的世界。

（二）色彩的心理效应

据心理学家研究，在红色的环境中，人的脉搏会加快，血压会升高，情绪兴奋冲动，人们会感觉温暖，而在蓝色环境中，脉搏会减缓，情绪也较沉静，人们会感到寒冷。其实，这些仅仅是人的错觉，这种错觉源自色彩给人造成的心理错觉或者视觉错觉，所以为了达到理想的景观效果，设计师应根据环境、功能、服务对象等选择搭配适宜的植物色彩。

二、植物的色彩

（一）干皮颜色

当秋叶落尽，深冬季节，枝干的形态、颜色更加醒目。成为冬季主要的观赏景观。多数植物的干皮颜色为灰褐色，当然也有例外。

（二）叶色

自然界中大多数植物的叶色都为绿色，但仅绿色在自然界中也有着深浅明暗不同种类，多数常绿树种以及山茶、女贞、桂花、镕、毛白杨、构树等落叶植物的叶色为深绿色，而水杉、落羽衫、落叶松、金钱松、玉兰等的叶色为浅绿色。即使是同一绿色植物其颜色也会随着植物的生长、季节的改变而变化，如垂柳初发叶时为黄绿，后逐渐变为淡绿，夏秋季为浓绿；春季银杏和乌桕的叶子为绿色，到了秋季银杏叶为黄色，乌桕叶为红色；鸡爪槭叶片在春天先红后绿，到秋季又变成红色。凡是叶色随着季节的变化出现明显改变，或是植物终年具备似花非花的彩叶，这些植物都被统称为色叶植物或彩叶植物。

植物的叶色除了取决于自身生理特性之外，还会由于生长条件、自身营养状况等因子的影响而发生改变，如金叶女贞春季萌发的新叶色彩鲜艳夺目，随着植株的生长，中下部叶片逐渐复绿，对这类彩叶植物来说，多次修剪对其呈色十分有利。另外，光照也是一个重要的影响因子，如金叶女贞、紫叶小檗，光照越强，叶片色彩越鲜艳，而一些室内观叶植物，如彩虹竹芋、孔雀竹芋等，只有在较弱的散射光下才呈现斑斓的色彩，强光反而会使彩斑严重褪色。

此外，温度、季节也会因影响叶片中花色素的合成，从而影响叶片呈色。一般来说早春的低温环境下，花色素的含量大大高于叶绿素，叶片的色彩十分鲜艳，而秋季早晚温差大、气候干燥有利于花色素的积累，一些夏季复绿的叶片此时的色彩甚至比春季更为鲜艳，如金叶红瑞木，春季为金色叶，夏季叶色复绿，秋季叶片呈现极为鲜艳的红色，非常夺目；金叶风箱果秋季叶色从绿色变为金色，与红色果实相互映衬，十分美丽。所以植物配置的时候在考虑植物正常叶色和季相变化的同时，还要调查清楚植物的生境、苗木的质量等因素，从而保证植物的观赏效果。

第三节 植物的其他美学特征

一、植物的味道

（一）芳香植物及其类型

凡是兼有药用植物和香料植物共有属性的植物类群被称为芳香植物，因此芳香植物是集观赏、药用、食用价值于一身的特殊植物类型。芳香植物包括香草、香花、香蔬、香果、芳香乔木、芳香灌木、芳香藤本、香味作物等八大类，详见表 7-1。

表 7-1 芳香植物分类

分类名称	代表植物	备注
香草	香水草、香罗兰、香客来、香囊草、香附草、香身草、晚香玉、鼠尾草、薰衣草、神香草、排香草、灵香草、碰碰香、留兰香、迷迭香、六香草、七里香等	芳香植物具有四大主要成分：芳香成分、药用成分、营养成分和色素成分；大部分芳香植物还含抗氧化物质和抗菌成分；按照香味浓烈程度分为幽香、暗香、沉香、淡香、清香、醇香、醉香、芳香。
香花	茉莉花、紫茉莉、栀子花、米兰、香珠兰、香雪兰、香豌豆、香玫瑰、香芍药、香茶花、香含笑、香矢车菊、香万寿菊、香杏花毛茛、香型大岩桐、野百合、香雪球、香福禄考、香味天竺葵、豆蔻天竺葵、五色梅、番红花、桂竹香、香玉簪、欧洲洋水仙等	
香果	香桃、香杏、香梨、香李、香苹果、香核桃、香葡萄（桂花香、玫瑰香 2 种）等水果	
香蔬	香芥、香芹、香水芹、根芹菜、孜然芹、香芋、香荆芥、香薄荷、胡椒薄荷等蔬菜	
芳香乔木	美国红荚蒾、美国红叶石楠、苏格兰金链树、蜡杨梅、美国香桃、美国香柏、美国香松、日本紫藤、黄金香柳、金缕梅、干枝梅、结香、韩国香杨、欧洲丁香、欧洲小叶椴、七叶树、天师栗、银鹊树、观光木、白玉兰、紫玉兰、望春木兰、红花木莲、醉香含笑、深山含笑、黄心夜合、玉玲花、暴马丁香等	
芳香灌木	白花醉鱼草、紫花醉鱼草、山刺玫、多花蔷薇、光叶蔷薇、鸡树条荚蒾、紫丁香等	
芳香藤本	香扶芳藤、中国紫藤、藤蔓月季、芳香凌霄、芳香金银花等	
香味作物	香稻、香谷、香玉米（黑香糯、彩香糯）、香花生（红珍珠，黑玛瑙）、香大豆等	

（二）常用芳香植物及其特点

尽管植物的味道不会直接刺激人的视觉神经,但是淡淡幽香会令人愉悦,令人神清气爽,同样也会产生美感,因而芳香植物在园林中的应用非常广泛。例如拙政园"远香堂",南临荷池,每当夏日,荷风扑面,清香满堂,可以体会到周敦颐《爱莲说》中"香远益消"的意境;再如网师园中的"小山丛桂轩",桂花开时,异香袭人,意境高雅。

天然的香气分为水果香型、花香型、松柏香型、辛香型、木材香型、薄荷香型、蜜香型、茵香型、薰衣草香型、苔藓香型等几种。据研究、香味对人体的刺激所起到的作用是各不相同的,所以应该根据环境以及服务对象选择适宜的芳香植物,具体内容请参见表 7-2。

表 7-2 芳香植物的气味及其作用

植物名称	气味	作用	植物名称	气味	作用
茉莉	清幽	增强机体抵抗力,令人身心放松	丁香	辛而甜	使人沉静、放松,具有疗养的功效
栀子花	清淡	杀菌、消毒,令人愉悦	迷迭香	浓郁	抗菌,可疗病养生,增进消化功能
白玉兰	清淡	提神养性,杀菌,净化空气	辛夷	辛香	开窍通鼻,治疗头痛头晕
桂花	香甜	消除疲劳,宁心静脑,理气平喘,温通经络	细辛	辛香	疗病养生
木香	浓烈	振奋精神,增进食欲	藿香	清香	清醒神志,理气宽胸,增进食欲
薰衣草	芳香	去除紧张,平肝息火,治疗失眠	橙	香甜	提高工作效率,消除紧张不安的情绪
米兰	淡雅	提神健脾,净化空气	罗勒	混合香	净化空气,提神理气,驱蚊
玫瑰花	甜香	消毒空气、抗菌,使人	紫罗兰	清雅	神清气爽

		身心爽朗、愉快			
荷花	清淡	清新凉爽，安神静心	艾叶	清香	杀菌、消毒、净化空气
菊花	辛香	降血压，安神，使思维清晰	七里香	辛而甜	驱蚊蝇和香化环境
百里香	浓郁	食用调料，温中散寒，健脾消食	姜	辛辣	消除疲劳，增强毅力
香叶天竺葵	苹果香	消除疲劳，宁神安眠，促进新陈代谢	芳香鼠尾草	芳香而略苦	兴奋、祛风、镇痉
薄荷	清凉	收敛和杀菌作用，消除疲劳，清脑提神，增强记忆力，并有利于儿童智力的发育	肉桂	浓烈	可理气开窍，增进食欲，但儿童和孕妇不宜闻此香味

（三）芳香植物的使用禁忌

芳香植物的运用拓展了园林景观的功能，现在园林中甚至出现了以芳香植物为主的专类园，并用以治疗疾病，即所谓"芳香疗法"。但应该注意的是有些芳香植物对人体是有害的，比如夹竹桃的茎、叶、花都有毒，其气味如闻得过久，会使人昏昏欲睡，智力下降；夜来香在夜间停止光合作用后会排出大量废气，这种废气闻起来很香，但对人体健康不利，如果长期把它放在室内，会引起头昏、咳嗽，甚至气喘、失眠；百合花所散发的香味如闻之过久，会使人的中枢神经过度兴奋而引起失眠；松柏类植物所散发出来的芳香气味对人体的肠胃有刺激作用，如闻之过久，不仅影响人的食欲，而且会使孕妇烦躁恶心、头晕目眩；月季花所散发的浓郁香味，初觉芳香可人，时间一长会使一些人产生郁闷不适、呼吸困难。据我国科学家研究，有52种花卉或观赏植物有致癌作用，如凤仙花、鸢尾、银边翠（高山积雪）、洒金榕等。可见，芳香植物也并非全都有益，设计师应该在准确掌握植物生理特性的基础上加以合理地利用。

二、植物的声音

一般认为植物是不会"发声"的，至少我们正常人是听不到它们"交流"的，但通过设计师的科学布局、合理配置，植物也能够欢笑、歌唱、低语、呐喊……

（一）借助外力"发声"

一种声音源自于植物的叶片——在风、雨、雪等的作用下发出声音，比如响叶杨——因其在风的吹动下叶片发出的清脆声响而得名。针叶树种最易发音，当风吹过树林，便会听到阵阵涛声，有时如万马奔腾，有时似潺潺流水，所以会有"松涛"、"万壑松风"等景点题名。还有一些叶片较大的植物也会产生音响效果，如拙政园的留听阁，因诗人李商隐《宿骆氏亭寄怀崔雍崔衮》诗"秋阴不散霜飞晚．留得枯荷听雨声"而得名，这对荷叶产生的音响效果进行了形象的描述。再如"雨订芭蕉，清声悠远"，唐代诗人白居易的"隔窗知夜雨，芭蕉先有声"最合此时的情景，就在雨打芭蕉的淅沥声里，飘逸出浓浓的古典情怀。

（二）林中动物"代言"

另一种声音源自于林中的动物和昆虫，正所谓"蝉噪林愈静，鸟鸣山更幽"。植物为动物、昆虫提供了生活的空间，而这些动物又成为植物的"代言人"。要想创造这种效果就本能略纯地研究植物的生态习性，还应了解植物与动物、昆虫之间的关系，利用合理的植物配置为动物、昆虫营造一个适宜的生存空间。

总之，在植物景观设计过程中，不能仅考虑其一个观赏因子，应在全面掌握植物的观赏特性的基础上，根据景观的需要合理配置植物，创造优美的植物景观。

第四节 植物造景的美学法则

美学法则是指形式美的规律、是指造型专家依照整齐、对称、均衡、比例、和谐、多样统一等构成形式美的规律。现代园林植物景观设计在更多的层面上应用这一普遍规律，以求获得优美的景观效果。

一、统一法则

统一法则是最基本的美学法则，在园林植物景观设计中，设计师必须将景观作为一个有机的整体加以考虑，统筹安排。统一法则是以完形理论（Gestalt）为基础，通过发掘设计中各个元素相互之间内在和外在的联系，运用调和与对比、过渡与呼应、主景与配景以及节奏与韵律等手法，使景观在形、色、质地等方面产生统一而又富于变化的效果。

（一）调和与对比

调和是利用景观元素的近似性或一致性，使人们在视觉上、心理上产生协调感。如果其中某一部分发生改变就会产生差异和对比，这种变化越大，这一部分与其他元素的反差越大，对比也就越强烈，越容易引起人们注意。最典型的例子就是"万绿丛中一点红"，"万绿"是调和，"一点红"是对比。

在植物景观设计过程中，主要从外形、质地、色彩等方面实现调和与对比，从而达到统一的效果。

1.外形的调和与对比

利用外形相同或者相近的植物可以达到植物组团外观上的调和，比如球形、扁球形的植物最容易调和，形成统一的效果。

2.质感的调和与对比

植物的质感会随着观赏距离的增加而变得模糊，所以质感的调和与对比往往针对某一局部的景观。细质感的植物由于清晰的轮廓、密实的枝叶、规整的形状，常用作景观的背景，比如多数绿地都以草坪作为基底，其中一个重要原因就是经过修剪的草坪平整细腻，并且不会过多地吸引入的注意。配置时应该首先选择一些细质感的植物，比如珍珠绣线菊、小叶黄杨或针叶树种等，与草坪形成和谐的效果，在此基础上，根据实际情况选择粗质感的植物加以点缀，形成对比。而在一些自然、充满野趣的环境中，常常是未经修剪的草场，这种基底的质感比较粗糙，可以选用粗质感的植物与其搭配，但要注意植物的种类不要选择太多，否则会显得杂乱无章。

（二）过渡与呼应

当景物的色彩、外观、大小等方面相差太大，对比过于强烈时，在人的心里会产生排斥感和离散感，景观的完整性就会被破坏，利用过渡和呼应的方法，可以加强景观内部的联系，消除或者减溺景物之间的对立，达到统一的效果。

（三）主景与配景

一部戏剧，必须区分主角与配角，才能形成完整清晰的剧情，植物景观也是一样，只有明确主从关系才能够达到统一的效果。按照植物在景观中的作用分为主调植物、配调植物和基调植物，它们在植物景观的主导位置依次降低，但数量却依次增加。也就说，基调植物数量最多，就如同群众演员，同配调植物一道，围绕着主调植物展开。

在植物配置时，首先确定一两种植物作为基调植物，使之广泛分布于整个园景中；同时，还应根据分区情况，选择各分区的主调树种，以形成各分区的风景主体。

二、时空法则

园林植物景观是一种时空的艺术，这一点已被越来越多的人所认同。时空法则要求将造景要素根据人的心理感觉、视觉认知，针对景观的功能进行适当的配置，使景观产生自然流畅的时间和空间转换。

　　植物是具有生命力的构成要素，随着时间的变化，植物的形态、色彩、质感等也会发生改变，从而引起园林风景的季相变化。在设计植物景观时，通常采用分区或分段配置植物的方法，在同一区段中突出表现某一季节的植物景观，如"春季山花烂漫，夏季荷花映日，秋季硕果满园，冬季腊梅飘香"等。为了避免一季过后景色单调或无景可赏的尴尬，在每一季相景观中，还应考虑配置其他季节的观赏植物，或增加常绿植物，做到"四季有景"。杭州花港观色公园春天有海棠、碧桃、樱花、梅花、杜鹃、牡丹、芍药等，夏日有广玉兰、紫薇、荷花等，秋季有桂花、槭树等，寒冬有腊梅、山茶、南天竺等，各种花木共达 200 余种 10000 余株，通过合理的植物配置做到了"四季有花，终年有景"。

　　另外，中国古典园林还讲究"步移景异"，即随着空间的变化，景观也随之改变，这种空间的转化与时间的变迁是紧密联系的。

第八章 园林植物景观设计

第一节 植物造景的原则

一、园林植物选择的原则

（一）以乡土植物为主，适当引种外来植物

乡土植物（Native Plant 或 Local Plant）指原产于本地区或通过长期引种、栽培和繁殖已经非常适应本地区的气候和生态环境、生长良好的一类植物。与其他植物相比，乡土植物具有很多的优点：

1.实用性强。乡土植物可食用、药用，可提取香料，可作为化工、造纸、建筑原材料以及绿化观赏。

2.适应性强。乡土植物适应本地区的自然环境条件，抗污染、抗病虫害能力强，在涵养水分、保持水土、降温增湿、吸尘杀菌、绿化观赏等环境保护和美化中发挥了主导作用。

3.代表性强。乡土植物，尤其是乡土树种，能够体现当地植物区系特色，代表当地的自然风貌。

4.文化性强。乡土植物的应用历史较长，许多植物被赋予一些民间传说和典故，具有丰富的文化底蕴。

此外，乡土植物具有繁殖容易、生产快、应用范围广，安全、廉价、养护成本低等特点，具有较高的推广意义和实际应用价值，因此在设计中，乡土植物的使用比例应该不小于 70％。

在植物品种的选择中，以乡土植物为主，可以适当引入外来的或者新的

植物品种，丰富当地的植物景观。

比如我国北方高寒地带有着极其丰富的早春抗寒野生花卉种质资源，据统计，大、小兴安岭林区有 1300 多种耐寒、观赏价值高的植物，如冰凉花（又称冰里花、侧金盏花）在哈尔滨 3 月中旬开花，遇雪更加艳丽，毫无冻害，另外大花杓兰、白头翁、楼斗菜、翠南报春、荷青花等从 3 月中旬也开始陆续开花。尽管在东北地区无法达到四季有花，但这些野生花卉材料的引入却可将观花期提前 2 个月，延长植物的观花期和绿色期。应该注意的是，在引种过程中，不能盲目跟风，应该以不违背自然规律为前提。另外应该注意慎重引种，避免将一些入侵植物引入当地，危害当地植物的生存。

（二）以基地条件为依据，选择适合的园林绿化植物

北魏贾思勰在《齐民要术》中曾阐述："地势有良薄，山、泽有异宜。顺天时，量地利，则用力少而成功多，任情返道，劳而无获。"这说明植物的选择应以基地条件为依据，即"适地适树"原则，这是选择园林植物的一项基本原则。要做到这一点必须从两方面入手，其一是对当地的立地条件进行深入细致的调查分析，包括当地的温度、湿度、水文、地质、植被、土壤等条件；其二是对植物的生物学、生态学特性进行深入的调查研究，确定植物正常生长所需的环境因子。一般来讲，乡土植物比较容易适应当地的立地条件，但对于引种植物则不然，所以引种植物在大面积应用之前一定要做引种试验，确保万无一失才可以加以推广。

另外，现状条件还包括一些非自然条件，比如人工设施、使用人群、绿地性质等，在选择植物的时候还要结合这些具体的要求选择植物种类，例如行道树应选择分枝点高、易成活、生长快、适应城市环境、耐修剪、耐烟尘的树种，除此之外还应该满足行人遮阴的需要；再如纪念性园林的植物应选择具有某种象征意义的树种或者与纪念主题有关的树种等。

二、植物景观的配置原则

（一）自然原则

在植物的选择方面，尽量以自然生长状态为主，在配置中要以自然植物群落构成为依据，模仿自然群落组合方式和配置形式，合理选择配置植物，避免单一物种、整齐划一的配置形式，做到"师法自然"、"虽由人作，宛自天开"。

（二）生态原则

在植物材料的选择、树种的搭配等方面必须最大限度地以改善生态环境、提高生态质量为出发点，也应该尽量多地选择和使用乡土树种，创造出稳定的植物群落；以生态学理论为基础，在充分掌握植物的生物学、生态学特性的基础上，合理布局，科学搭配，使各种植物和谐共存，植物群落稳定发展，从而发挥出最大的生态效益。

第二节 植物配置方式

一、自然式

中国古典园林的植物配置以自然式为主，自然式的植物配置方法，多选外形美观、自然的植物品种，以不相等的株行距进行配置，具体的景观配置方式请参见表 8-1。自然式的植物配置形式令人感觉放松、惬意，但如果使用不当会显得杂乱。

表 8-1 自然式植物景观配置方式

类型	配置方式	功能	适用范围	表现的内容
孤植	单株树孤立种植	主景、庇荫	常用于大片草坪上、花坛中心、小庭院的一角，与山石搭配	植物的个体美
对植（均衡式）	两株或两丛植物采取非对称均衡方式布置在轴线两侧	框景、夹景	入口处、道路两侧、水岸两侧等	植物的个体美及群体美
丛植	3~9 株同种或异种树木不等距离地种植在一起形成树丛效果	主景、配景、背景、隔离	常用于大片草坪中、水边	植物的群体美和个体美
群植	一两种乔木为主体，与数种乔木和灌木搭配，组成较大面积的树木群体	配景、背景、隔离、防护	常用于大片草坪中、水边，或者需要防护、遮挡的位置	表现植物群体美，具有"成林"的效果
带植	大量植物沿直线或者曲线呈带状栽植	背景、隔离、防护	多应用于街道、公路、水系的两侧	表现植物群体美，一般宜密植，形成树屏效果

二、规则式

规则式栽植方式在西方园林中经常采用，在现代城市绿化中使用也比较广泛。相对于自然式而言，规则式的植物配置往往选择形状规整的植物，按照相等的株行距进行栽植，具体的景观配置方式见表 8-2。规则式植物栽植方式效果整齐统一，但有时可能会显单调。

表 8-2 规则式植物景观配置方式

类型	配置方式	适用范围	景观效果
对植（对称式）	两株或者两丛植物按轴线左右对称布置	建筑物、公共场所入口处等	庄重、肃穆
行植	植物按照相等的株行距呈单行或多行种植，有正方形、三角形、长方形等不同栽植形式	在规则式道路两侧、广场外围或围墙边沿，防护林带	整齐划一，形成夹景效果，具有极强的视觉导向性
环植	植物等距沿圆环或者曲线栽植植物，可有单环、半环或多环等形式	圆形或者环状的空间，如圆形小广场、水池、水体以及环路等	规律性、韵律感，富于变化，形成连续的曲面
带植	大量植物沿直线或者曲线呈带状栽植	公路两侧、海岸线、风口、风沙较大的地段，或者其他需防护地区	整齐划一，形成视觉屏障，防护作用较强

第三节 园林植物景观设计方法

一、树木的配置方法

（一）孤植（单株/丛）

树木的单株或单丛栽植称为孤植，孤植树有两种类型，一种是与园林艺术构图相结合的庇荫树，另一种单纯作为孤赏树应用。前者往往选择体型高大、枝叶茂密、姿态优美的乔木，如银杏、槐、榕、樟、悬铃木、柠檬桉、朴、白桦、无患子、枫杨、柳、青冈栎、七叶树、麻栎、雪松、云杉、桧柏、南洋杉、苏铁、罗汉松、黄山松、柏木等。而后裔更加注重孤植树的观赏价值，如白皮松、白桦等具有斑驳的树干；枫香、元宝枫、鸡爪槭、乌桕等具有鲜艳的秋叶；凤凰木、樱花、紫薇、梅、广玉兰、柿、柑橘等拥有鲜亮的花、果……总之，孤植树作为景观主体、视觉焦点，一定要具有与众不同的观赏效果，能够起到画龙点睛的作用。

（二）对植（两株/丛）

对植多用于公园、建筑的出入口两旁或纪念物、蹬道台阶、桥头、园林小品两侧，可以烘托主景，也可以形成配景、夹景。对植往往选择外形整齐、美观的植物，如桧柏、云杉、侧柏、南洋杉、银杏、龙爪槐等，按照构图形式对植可分为对称式和非对称式两种方式：

1.对称式对植

以主体景观的轴线为对称轴，对称种植两株（丛）品种、大小、高度一致的植物。对称式对植的两株植物大小、形态、造型需要相似，以保证景观效果的统一。

2.非对称式对植

两株或两丛植物在主轴线两侧按照中心构图法或者杠杆均衡法进行配置，形成动态的平衡。需要注意的是，非对称式对植的两株（丛）植物的动势要向着轴线方向，形成左右均衡、相互呼应的状态。与对称式对植相比，非对称式对植要灵活许多。

二、草坪、地被的配置方法

（一）草坪

1.草坪的分类

按照所使用的材料，草坪可以分为纯一草坪、混合草坪以及缀花草坪。缀花草坪又分为纯野花矮生组合、野花与草坪组合两类，其中矮生组合采用多种株高 30cm 以下的一、二年生及多年生品种组成，专门满足对株高有严格要求的场所应用。

如果按照功能进行分类，可以分为游憩草坪、观赏草坪、运动场草坪、交通安全草坪以及护坡草坪等，具体内容参见表 8-3。

表 8-3 草坪的分类

类型	功能	设置位置	草种选择
游憩草坪	休息、散步、游戏	居住区、公园、校园等	叶细、韧性较大、较耐踩踏
观赏草坪	以观赏为主，用于美化环境	禁止人们进入的或者人们无法进入的仅供观赏的地段，如匝道区、立交区等	颜色碧绿均一，绿期较长，耐热、抗寒
运动场草坪	开展体育活动	体育场、公园、高尔夫球场等	根据开展的运动项目进行选择
交通安全草坪	吸滞尘埃、装饰美化	陆路交通沿线，尤其是高速公路两旁、飞机场的停机坪等	耐寒、耐旱、耐瘠薄、抗污染、抗粉尘
护坡草坪	防止水土流失、防止扬尘	高速公路边坡、河堤驳岸、山坡等	生长迅速、根系发达或具有匍匐性

2.草坪景观的设计

草坪空间能形成开阔的视野，增加景探和景观层次，并能充分表现地形美，一般铺植在建筑物周围、广场、运动场、林间空地等，供观赏、游强或作为运动场地之用。

（二）地被植物

地被植物具有品种多、抗性强、管理粗放等优点，并能够调节气候、组织空间、美化环境、吸引昆虫……因此，地被植物在园林中的应用越来越广泛。

1.地被植物的分类

园林意义上的地被植物除了众多矮生草本植物外，还包括许多茎叶密集、生长低矮或匍匐型的矮生灌木、竹类及具有蔓生特性的藤本植物等，具体内容参见表 8-4。

表 8-4 地被植物分类及其特点

类型	特点	应用	植物品种
草花和阳性观叶植物	生长迅速，蔓延性佳，色彩艳丽、精巧、雅致，但不耐践踏	装点主要景点	松叶牡丹、香雪球、二月兰、美女樱、裂叶美女樱、非洲凤仙花、四季秋海棠、萱草、宿根福禄考、丛生福禄考、半枝莲、旱金莲、三色堇等
原生阔叶草	多年生双子叶草本植物，繁殖容易，病虫害少，管理粗放	公共绿地、自然野生环境等	马蹄金、（紫花）醡浆草、白三叶、车前草、金腰箭等
藤本	多数枝叶贴地生长，少数茎节处易发生不定根可附地着生，水土保持功能极佳	应用于斜坡地、驳岸、护坡等	蔓长春花、五叶地锦、南美蟛蜞菊、薜荔、牵牛花等
阴性观叶植物	耐阴，适应阴湿的环境，	栽植在庇荫处，起	冷水花、常春藤、沿阶草、

	叶片较大，具有较高的观赏价值	到装饰美化的作用	玉簪、粗肋草、八角金盘、洒金珊瑚、十大功劳、葱兰、石蒜等
矮生灌木	多生长在向阳处，茎枝粗硬	用以阻隔、界定空间	小叶黄杨、六月雪、栀子花、小檗、南天竹、火棘、金山绣线菊、金焰绣线菊、金叶莸等
矮生竹	叶形优美、典雅，多数耐阴湿、抗性强、适应能力强	林下、广场、小区、公园等，可与自然置石搭配	菲白竹、凤尾竹、翠竹等
蕨类及苔藓植物	种类较多，适应阴湿的环境	阴湿出，与自然水体和山石搭配	肾蕨、巢蕨、槲蕨、崖姜蕨、鹿角蕨、蓝草等
耐盐碱类植物	能够适应盐碱化较高的地段	盐碱地中	二色补血草、马蔺、枸杞、紫花苜蓿等

2.地被植物的适用范围

（1）需要保持视野开阔的非活动场地。

（2）阻止游人进入的场地。

（3）可能会出现水土流失，并且很少有人使用的坡面，比如高速公路边坡等。

（4）栽培条件较差的场地，如沙石地、林下、风口、建筑北侧等。

（5）管理不方便，如水源不足、剪草机难进入、大树分枝点低的地方。

（6）杂草猖獗，无法生长草坪的场地。

（7）有需要绿色基底衬托的景观，希望获得自然野化的效果，如某些郊野公园、湿地公园、风景区、自然保护区等。

第四节 植物造型景观设计

所谓植物造型是指通过人工修剪、整形，或者利用特殊容器、栽植设备创造出非自然的植物艺术形式。植物造型更多的是强调人的作用，有着明显的人工痕迹，常见的植物造型包括：绿篱、绿雕、花坛、花雕、花境、花台、花池、花车等类型。由于其选型奇特、灵活多样，植物造型景现在现代园林中的使用越来越广泛。

一、绿篱

绿篱（hedge）又称为植篱或生篱，是用乔木或灌木密植成行而形成的篱垣。绿篱的使用广泛而悠久，比如我国古人就有"以篱代墙"的做法，战国时屈原在《招魂》中就有"兰薄户树，琼木篱些"，其意是门前兰花种成丛，四周围着玉树篱。《诗经》中亦有"摘柳樊圃"诗句，意思是折取柳枝作园圃的篱笆；欧洲几何式园林也大量地使用绿篱构成图案或者进行空间的分割……现代景观设计中，由于材料的丰富，养护技术的提高，绿篱被赋予了新的形态和功能。

（一）绿篱的分类

1.按照外观形态及后期养护管理方式绿篱分为规则式和自然式两种。前者外形整齐，需要定期进行整形修剪，以保持体形外貌；后者形态自然随性，一般只施加少量的调节生长势的修剪即可。

2.按照高度绿篱可以分为矮篱、中篱、高篱、绿墙等几种类型，具体内容参见表 8-5。

表 8-5 按高度划分的绿篱类型

分类	功能	植物特征	可供选择的植物材料
矮篱（<0.5m）	构成地界；形成植物模纹构成专类园，如结纹园	植株低矮，观赏价值高，或色彩艳丽，或香气浓郁，或具有季象变化	月季、小叶黄杨、矮栀子、六月雪、千头柏、万年青、地肤、一串红、彩色草、朱顶红、红叶小檗、茉莉、杜鹃、金山绣线菊、金焰绣线菊、金叶莸等
中篱（0.5~1.2m）	分隔空间（但视线仍然通透）、防护、围合	枝叶密实，观赏效果较好	栀子、含笑、木槿、红桑、吊钟花、变叶木、金心女贞、金边珊瑚、小叶女贞、七里香、海桐、火棘、枸骨、茶条槭等
高篱（1.2~1.8m）	划分空间、遮挡视线、构成背景；构成专类园，如迷园	植株较高，群体结构紧密，质感强	构树、柞木、法国冬青、大叶女贞、桧柏、簸箕柳、榆树、锦鸡儿、火炬树等
绿墙（绿屏）>1.8m	替代实体墙用于空间围合	植株高大，群体结构紧密，质感强	龙柏、珊珊树、女贞、水蜡、山茶、石楠、木樨、侧柏、桧柏等

此外，现在绿篱的植物材料也越来越丰富，除了传统的常绿植物，如桧柏、侧柏等，还出现了由花灌木组成的花篱，由色叶植物组成的色叶篱，比如北方河流或者郊区道路两旁栽植由火炬树组成的彩叶篱，秋季红叶片片，分为鲜亮。

（二）绿篱设计的注意事项

1.植物材料的选择

绿篱植物的选择应该符合以下条件：①在密植情况下可正常生长；②枝叶茂密，叶小而具有光泽；③萌蘖力强、愈伤力强，耐修剪；④整体生长不是特别旺盛，以减少修剪的次数；⑤耐阴力强；⑥病虫害少；⑦繁殖简单方便，有充足的苗源。

2.绿篱种类的选择

应该根据景观的风格（规则式还是自然式）、空间类型（全封闭空间、半封闭空间、开敞空间）来选择适宜的绿篱类型。另外，应该注意植物色彩，尤其是季相色彩的变化应与周围环境协调，绿篱如果作为背景，宜选择常绿、深色调的植物，而如果作为前景或主景，可选择花色、叶色鲜艳、季相变化明显的植物。

3.绿篱形式的确定

被修剪成长方形的绿篱固然整齐，但也会显得过于单调，所以不妨换一个造型，比如可以设计成波浪形、锯齿形、城墙形等，或者将直线形栽植的绿篱变成"虚线"段，这些改变会使得景观环境规整中又不失灵动。

二、花台、花池、花箱和花钵

（一）花台

花台（Raised Flower Bed）是一种明显高出地面的小型花坛，以植物的体形、花色以及花台造型等为观赏对象的植物景观形式。花台用砖、石、木、竹或者混凝土等材料砌筑台座，内部填入土壤，栽植花卉。花台的面积较小，一般为 $5m^2$ 左右，高度大于 0.5m，但不超过 1m，常设置于小型广场、庭园的中央或建筑物的周围以及道路两侧，也可与假山、围墙、建筑结合。

花台的选材、设计方法与花坛相似，由于面积较小，一个花台内通常只以一种花卉为主，形成某一花卉品种的"展示台"。由于花台高出地面，所以常选用株型低矮、枝繁叶茂并下垂的花卉，如矮牵牛、美女樱、天门冬、书带草等较为相宜，花台植物材料除一、二年生花卉、宿根及球根花卉外，也常使用木本花卉，如牡丹、月季、杜鹃花、迎春、凤尾竹、菲白竹等。

按照造型特点花台可分为规则式和自然式两类。规则式花台常用于规则的空间，为了形成丰富的景观效果，常采用多个不同规格的花台组合搭配。

自然式花台，又被称为盆景式花台，顾名思义，就是将整个花台视为一个大型的盆景，按制作盆景的艺术手法配置植物，常以松、竹、梅、杜鹃、牡丹等为主要植物材料，配以山石、小品等，构图简单、色彩朴素，以艺术造型和意境取胜。我国古典园林，尤其是江南园林中常见用山石砌筑的花台，称为山石花台。因江南一带雨水较多，地下水位相对较高，一些传统名贵花木，如牡丹性喜高爽，要求排水良好的土壤条件，采用花台的形式，可为植物的生长发育创造适宜的生态条件，同时山石花台与墙壁、假山等结合，也可以形成丰富的景观层次。

（二）花池

花池是利用砖、混凝土、石材、木头等材料砌筑池边，高度一般低于 0.5m，有时低于自然地坪，花池内部可以填充土壤直接栽植花木，也可放置盆栽花卉。花池的形状多数比较规则，花卉材料的运用以及图案的组合较为简单。花池设计应尽量选择株型整齐、低矮，花期较长的植物材料，如矮牵牛、宿根福禄考、鼠尾草、万寿菊、串儿红、羽衣甘蓝、钓钟柳、鸢尾、景天属等。

（三）花箱

花箱（Flower Box）是用木、竹、塑料、金属等材料制成的专门用于栽植或摆放花木的小型容器。花箱的形式多种多样，可以是规则形状（正方体、棱台、圆柱等）。

（四）花钵

花钵是花齐种植或者摆放的容器．一般为半球形碗状或者倒棱台、例喇台状，质地多为砂岩、泥、瓷、塑料、玻璃钢及木制品。按照风格划分，花钵分为古典和现代形式。古典式又分为欧式、地中海式和中式等多种风格。欧式花钵多为花瓶或者酒杯状，以花岗岩石材为主，雕刻有欧式传统图案；地中海式花钵是造型简单的陶罐；中式花钵多以花岗岩、木质材料为主，呈半球、倒圆台等形式，装饰有中式图案。现代式花钵多采用木质、砂岩、塑料、玻璃钢等材料，造型简洁，少有纹理。

其实，花台、花池、花箱、花钵就是一个小型的花坛，所以材料的选择、色彩的搭配、设计方法等与花坛比较近似，但某些细节稍有差异。

首先，它们的体量都比较小，所以在选择花卉材料时种类不应太多，应该控制在1~2种，并注意不同植物材料之间要有所对比，形成反差，不同花卉材料所占的面积应该有所差异，即应该有主有次。

其次，应该注意栽植容器的选择，以及栽植容器与花卉材料组合搭配效果。通常是先根据环境、设计风格等确定容器的材质、式样、颜色，然后再根据容器的特征选择植物材料，比如方方正正的容器可以搭配植株整齐，如串儿红、鼠尾草、鸢尾、郁金香等；如果是球形或者不规则形状的容器则可以选择造型自然随意或者下垂型的植物，如天门冬、矮牵牛等；如果容器的材质粗糙或者古朴最好选择野生的花卉品种，比如狼尾草；如果容器质感细腻、现代时尚一般宜选择枝叶细小、密集的栽培品种，如串儿红、鸡冠花、天门冬等。当然，以上所述并不完全绝对，一个方案往往受到许多因素的影响，即使是很小的规模也应该进行综合、全面的分析，在此基础上进行设计。

最后，还需要注意的是对于高于地面的花台、花池、花箱或者花钵，必须设计排水盲沟或者排水口，避免容器内大量积水影响植物的生长。

第九章 植物景观设计程序

第一节 现状调差与分析

无论怎样的设计项目，设计师都应该尽量详细地掌握项目的相关信息，并根据具体的要求以及对项目的分析、理解编制设计意向书。

一、获取项目信息

这一阶段需要获取的信息应根据具体的设计项目而定，而能够获取的信息往往取决于委托人（甲方）对项目的态度和认知程度，或者设计招标文件的翔实程度，这些信息将直接影响到下一环节——现状的调查，乃至植物功能、景观类型、种类等的确定。

（一）了解甲方对项目的要求

方式一：通过与甲方交流，了解委托人对于植物景观的具体要求、喜好、预期的效果，以及工期、造价等相关内容。

这种方式可以通过对话或者问卷的形式获得，在交流过程中设计师可参考以下内容进行提问：

1.公共绿地（如公园、广场、居住区游园等绿地）的植物配置

（1）绿地的属性：使用功能、所属单位、管理部门、是否向公众开放等。

（2）绿地的使用情况：使用的人群、主要开展的活动、主要使用的时间等。

（3）甲方对该绿地的期望及需求。

（4）工程期限、造价。

（5）主要参数和指标：绿地率、绿化覆盖率、绿视率、植物数量和规格等。

（6）有无特殊要求：如观赏、功能等方面。

2.私人庭院的植物配置

（1）家庭情况：家庭成员及年龄、职业等。

（2）甲方的喜好：喜欢（或不喜欢）何种颜色、风格、材质、图案等，喜欢（或不喜欢）何种植物，喜欢（或不喜欢）何种植物景观等。

（3）甲方的爱好：是否喜欢户外的运动、喜欢何种休闲活动、是否喜欢园艺活动、是否喜欢晒太阳等。

（4）空间的使用：主要开展的活动、使用的时间等。

（5）甲方的生活方式：是否有晨练的习惯、是否经常举行家庭聚会、是否饲养宠物等。

（6）工程期限、造价。

（7）特殊需求。

方式二：通过设计招标文件，掌握设计项目对于植物的具体要求、相关技术指标（如绿化率等），以及整个项目的目标定位、实施意义、服务对象、工期、造价等内容。

本实例中通过询问交流得到甲方的家庭情况及其对于庭院设计的要求。

（二）获取图纸资料

在该阶段，甲方应该向设计师提供基地的测绘图、规划图、现状树木分布位置图以及地下管线图等图纸，设计师根据图纸可以确定以后可能的栽植空间以及栽植方式，根据具体的情况和要求进行植物景观的规划和设计。

1.测绘图或者规划图

从图纸中设计师可以获取的信息有：（1）设计范围（红线范围、坐标数字）；（2）园址范围内的地形、标高；（3）现有或者拟建的建筑物、构筑物、道路等设施的位置，以及保留利用、改造和拆迁等情况；（4）周围工矿企业、居住区的名称、范围以及今后发展状况，道路交通状况等。

2.现状树木分布位置图

图中包含现有树木的位置、品种、规格、生长状况以及观赏价值等内容，以及现有的古树名木情况、需要保留植物的状况等。

3.地下管线图

图内包括基地中所有要保留的地下管线及其设施的位置、规格以及埋深深度等。

（三）获取基地其他的信息

1.该地段的自然状况

水文、地质、地形、气象等方面的资料，包括地下水位、年与月降雨量、年最高和最低温度及其分布时间、年最高和最低湿度及其分布时间、主导风向、最大风力、风速以及冰冻线深度等。

2.植物状况

地区内乡土植物种类、群落组成，以及引种植物情况等。

3.人文历史资料调查

地区性质、历史文物、当地的风俗习惯、传说故事、居民人口和民族构成等。

以上的这些信息中，有些或许与植物的生长并无直接的联系，比如周围的景观、人们的活动等，但是实际上这些潜在的因素却能够影响或者指导设计师对于植物的选择，从而影响到植物景观的创造。总之，设计师在拿到一个项目之后要多方收集资料，尽量详细、深入地了解这一项目的相关内容，以求全面地掌握可能影响植物生长的各个因素。

二、现场调查与测绘

（一）现场踏查

无论何种项目，设计者都必须认真到现场进行实地踏查。一方面是在现场核对所收集到的资料，并通过实测对欠缺的资料进行补充。在现场通常针对以下内容进行调查：

自然条件：温度、风向、光照、水分、植被及群落构成、土壤、地形地势以及小气候等。

人工设施：现有道路、桥梁、建筑、构筑物、管线等。

环境条件：周围的设施、道路交通、污染源及其类型、人员活动等。

视觉质量：现有的设施、环境景观、视域、可能的主要观赏点等。

另一方面，设计者可以进行实地的艺术构思，确定植物景观大致的轮廓或者配置形式，通过视线分析，确定周围景观对该地段的影响，"佳者收之，俗者屏之"。

（二）现场测绘

如果甲方无法提供准确的基地测绘图，设计师就需要进行现场实测，并根据实测结果绘制基地现状图，如图 9-1 所示。基地现状图中应该包含基地中现存的所有元素，如建筑物、构筑物、道路、铺装、植物等。需要特别注意的是场地中的植物，尤其是需要保留的有价值的植物，它们的胸径、冠幅、高度等也需要进行测量并记录。另外，如果场地中某些设施需要拆除或者移走，设计师最好再绘制一张基地设计条件图，即在图纸上仅标注基地中保留下来的元素。

在现状调查过程中，为了防止出现遗漏，最好将需要调查的内容编制成表格，在现场一边调查一边填写，有些内容，比如建筑物的尺度、位置以及视觉质量等可以直接在图纸中进行标示，或者通过照片加以记录。

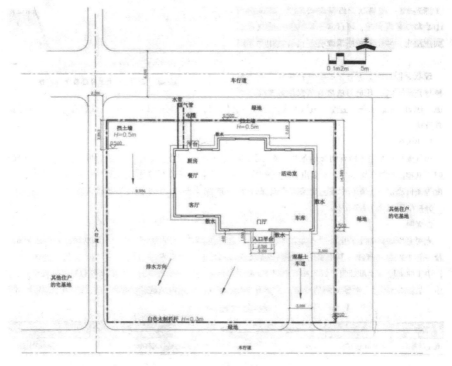

图 9-1 小游园基地现状图

三、现状分析

（一）现状分析的内容

现状分析是设计的基础、设计的依据，尤其是对于基地的环境因素密切相关的植物，基地的现状分析更是关系到植物的选择、植物的生长、植物景观的创造、功能的发挥等一系列问题。

现状分析的内容包括：基地自然条件（地形、土壤、光照、植被等）分析、环境条件分析、景观定位分析、服务对象分析、经济技术指标分析等多个方面。可见，现状分析的内容是比较复杂的，要想获得准确的、翔实的分析结果，一般要多专业配合，按照专业分项进行，然后将分析结果分别标注在一系列复制的底图上（一般使用硫酸纸等透明的图纸材料），然后将它们叠加在一起，进行综合分析，并绘制基地的综合分析图，这种方法称为叠图法，是现状分析常用的方法。如果使用 CAD 绘制就要简单些，可以将不同的内容绘制在不同的图层中，使用时根据需要打开或者关闭图层即可。

现状分析是为了下一步的设计打基础，对于植物种植设计而言，凡是与植物有关的因素都要加以考虑，比如光照、水分、温度、风以及人工设施、地下管线、视觉质量等，下面结合实例介绍现状分析的内容及其方法。

1.小气候

小气候是指基地中特有的气候条件，即较小区域内的温度、光照、水分、风力等的综合。每块基地都有着不同于其他区域的气候条件，它是由基地的地形地势、方位、植被，以及建筑物的位置、朝向、形状、大小、高度等条件决定。本实例中住宅建筑是形成基地小气候的关键条件，所以围绕住宅建筑加以分析。

2.光照

光照是影响植物生长的一个非常重要的因素，所以设计师需要分析基地中日照的状况，掌握太阳在一天中及一年中的运动规律。其中最为重要的就是太阳高度角和方位角两个参数，其变化规律：一天中，中午的太阳高度角最大，日出和日落时太阳高度角最小；一年中夏至时太阳高度角和日照时数最大，冬至最小。根据太阳高度角、方位角的变化规律，我们可以确定建筑物、构筑物投下的阴影范围，从而确定基地中的日照分区——全阴区（永久无日照）、半阴区（某些时段有日照）以及全阳区白天永久。

通过对基地光照条件的分析，可以看出住宅的南面光照最充足、日照时间最长，适宜开展活动和设置休息空间，但夏季的中午和午后温度较高，需要遮阴。根据太阳高度角和方位角测算，遮阴效果最好的位置应该在建筑物的西南面或者南面，可以利用遮阴树，也可以使用棚架结合攀援植物进行遮阴，并应该尽量靠近需要遮阴的地段（建筑物或者休息、活动空间），但要注意地下管线的分布以及防火等技术要求。另外，北方冬季寒冷，为了延长室外空间的使用时间，提高居住环境的舒适度，室外休闲空间或室内居住空间都应该保证充足的光照，因此住宅南面的遮阴树应该选择分枝点高的落叶乔木，避免栽植常绿植物。

在住宅的东面或者东南面太阳高度角较低，所以可以考虑利用攀援植物或者灌木进行遮阴。住宅的西面光照较为充足，可以栽植阳性植物，而北面光照不足，只能栽植耐阴植物。

3.风

各个地区都有当地的盛行风向，根据当地的气象资料都可以得到这方面的信息。关于风最直观的表示方法就是风向玫瑰图，我们经常会在规划图、测绘图等图纸上见到，风向玫瑰图是根据某地风向观测资料绘制出形似玫瑰花的图形，用以表示风向的频率。

根据现场的调查，基地中的风向有以下规律：一年中住宅的南面、西南面、西面、西北面、北面风较多，而东面则风较少，其中夏季以南风、西南风为主，而寒冷冬季则以西北风和北风为主。因此，在住宅的西北面和北面应该设置由常绿植物组成的防风屏障，在住宅的南面和西南面则应铺设低矮的地被和草坪，或者种植分枝点较高的乔木，形成开阔界面，结合水面、绿地等构筑顺畅的通风渠道。

出了基地自然状况外，还应该对基地中的人工设施、视觉质量及周围的环境进行分析。

4.人工设施

人工设施包括基地内的建筑物、构筑物、道路、铺装、各种管线等，这些设施往往都会影响到植物的选择、种植点的位置等。在本实例中最主要的人工设施就是住宅，建筑物的正立面，植物色彩、质感、高度等都应该与建筑物匹配。除了地上设施之外，还应该注意地下的隐蔽设施，如住宅的北人入口附近地下管线较为集中，这一地段仅能够种植浅根性植物，如地被、草坪、花卉井等。

5.视觉质量

视觉质量评价也就是对基地内外的植被、水体、山体和建筑等组成的景观从形式、历史文化及其特点等方面进行分析和评价，并将景观的平面位置、标高、视域范围以及评价结果记录在调查表或者图纸中，以便做到"佳则收之，俗则屏之"。通过视线分析还可以确定今后可能的主要观赏点位置，从而确定需要"造景"的位置和范围。

（二）现状分析图

现状分析图主要是将收集到的资料以及在现场调查得到的资料利用特殊的符号标注在基地底图上，并对其进行综合分析和评价。本实例将现状分析的内容放在同一张图纸中，这种做法比较直观，但图纸中表述的内容较多，所以适合于现状条件不是太复杂的情况，如图 9-12 中包括了主导风向、光照、水分、主要设施、噪音、视线质量以及外围环境等分析内容，通过图纸可以全面地了解基地的现状。

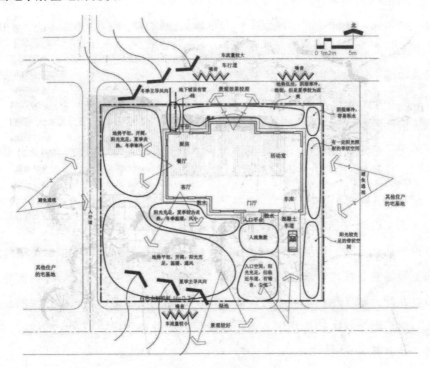

图 9-2 某庭院现状分析图

四、编制设计意向书

对基地资料分析、研究之后，设计者需要制定出总体设计原则和目标，并制定出用以指导设计的计划书，即设计意向书。设计意向书可以从以下几个方面入手：①设计的原则和依据；②项目的类型、功能定位、性质特点等；③设计的艺术风格；④对基地条件及外围环境条件的利用和处理方法；⑤主要的功能区及其面积估算；⑥投资概算；⑦预期的目标；⑧设计时需要注意的关键问题等。

以下是作者结合本实例编制的设计意向书，仅供参考。

设计意向书

A.项目设计原则和依据

（a）原则：美观、实用。

（b）依据：《居住区环境景观设计导则》《城市居住区规划设计规范》等。

B.项目概况（绿地类型、功能定位、性质特点）

该项目属于私人宅院，主要供家庭成员及其亲朋使用，使用人群较为固定、使用人数相对较少。

C.设计的艺术风格

简洁、明快，中西结合，既简朴又略显时尚。

D.对基地条件及外围环境条件的利用和处理

（a）有利条件：地势平坦、视野开阔.，日照充足，南侧有一个小游园，软观较好。

（b）不利条件：外围缺少围合；外围交通对其影响较大；内部缺少空间分隔；交通不通畅；缺少人口标示；缺少可供观赏的景观。

（c）现有条件的利用和处理方法。

人口：需要设置标示；

东侧：设置视觉屏障进行遮挡；

车道：铺装材料重新设计，注意与入口空间的联系；

南侧：设置主体珙观、休息空间、交通空间，栽植观赏价值高的植物，利用植物遮阴、通风，可以借景路南的小游园，但应该注意庭院空间的界定与围合，减弱外围交通的不利影响；

西侧：设置防风屏障，创造景观，设计小菜园，并配套工具储藏室，设置交通空间将前后庭院连通起来；

北侧：设置防风屏障、视觉屏障和隔音带，注意排水，栽植耐阴湿的植物。

功能区及其面积

人口集散空间 15m²，草坪空间 60m²，私密空间（容纳 3~4 人）8m² 聚餐空间（容纳 10~15 人）30，小菜园 20m²，工具储藏室 6m²。

设计时需要注意的关键问题

满足家庭聚会的要求，满足景观观赏的需要。

第二节 功能分区

一、功能分区

设计师根据现状分析以及设计意向书，确定基地的功能区域，将基地划分为若干功能区，在此过程中需要明确以下问题：

（1）场地中需要设置何种功能，每一种功能所需的面积如何。

（2）各个功能区之间的关系如何，哪些必须联系在一起，哪些必须分隔开。

（3）各个功能区服务对象都有哪些，需要何种空间类型，比如是私密的还是开敞的等。

通常设计师利用圆圈或其他抽象的符号表示功能分区，即泡泡图，图中应标示出分区的位置、大致范围、各分区之间的联系等，该庭院划分为入口区、集散区、活动区、休闲区、工作区等：入口区是出入庭院的通道，应该视野开阔，具有可识别性和标志性；集散区位于住宅大门与车道之间，作为室内外过渡空间，用于主人日常交通或迎送客人；活动区主要开展一些小型的活动或者举行家庭聚会的空间，以开阔的草坪为主；休闲区主要为主人及其家庭成员提供一个休息、放松、交流的空间，利用树丛围合；工作区作为家庭成员开展园艺活动的一个场所，设计一个小菜园。这一过程应该绘制多个方案，并深入研究和比照，从中选择一个最佳的分区设置组合方案。

二、功能分区细化

（一）程序和方法

结合现状分析，在植物功能分区的基础上，将各个功能分区继续分解为若干不同的区段，并确定各区段内植物的种植形式、类型、大小、高度、形态等内容。

（二）具体步骤

（1）确定种植范围。利用图线标示出各种植物的种植区域和面积，并注意各个区域之间的联系和过渡。

（2）确定植物的类型，根据植物种植区规划图选择植物种类，只要确定是常绿还是落叶的，是乔木、灌木、地被、花卉、草坪中的哪一类并不用确定植物的具体名称。

（3）分析植物组合效果。主要是明确植物的规格，最好的方法是通过绘制立面图，如图 9-3 所示，设计师通过立面图分析植物高度组合，一方面可以判定这种组合是否能够形成优美、流畅的林冠线，另一方面也可以判断这种组合是否能够满足功能需要，比如私密性、防风等。

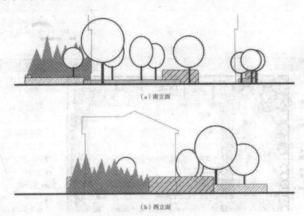

（a）南立面

（b）西立面

图 9-3 植物组合效果立体设计图

（4）选择植物的颜色和质地。在分析植物组合效果的时候，可以适当地考虑一下植物的颜色和质地的搭配，以便在下一环节能够选择适宜的植物。以上这两个环节都没涉及具体的某一株植物，完全从宏观入手确定植物的分布情况。就如同绘画一样，首先需要建立一个整体的轮廓，而并非具体的某一细节，只有这样才能保证设计中各部分紧密联系，形成一个统一的整体。另外，在自然界中植物的生长也并非孤立的，而是以植物群落的方式存在的，这样的植物景观效果最佳、生态效益最好，因此，植物种植设计应该首先从总体入手。

第三节 植物种植设计

一、设计程序

植物种植设计是以植物种植分区规划为基础，确定植物的名称、规格、种植方式、栽植位置等，常分为初步设计和详细设计两个过程。

（一）初步设计

1.确定孤植树

孤植树构成整个景观的骨架和主体，所以首先需要确定孤植树的位置、名称规格和外观形态，这也并非最终的结果，在详细阶段可以再进行调整。如图 9-4 所示，住宅建筑的南面与客厅窗户相对的位置上设置一株孤植树，它应该是高大、美观，本方案选择的是国槐气国槐树冠球形紧密，绿荫如盖，7~8 月间黄白色小花还 能散发出阵阵幽香，并且国槐在我国栽植历史较长，古人有"槐荫当庭"的说法。另一个重要景观节点是人口处，此处选择花楸，花楸的抗性强，并且观赏价值极高，夏季满树银花，秋叶黄色或红色，特别是冬果鲜红，白雪相衬，更为优美。

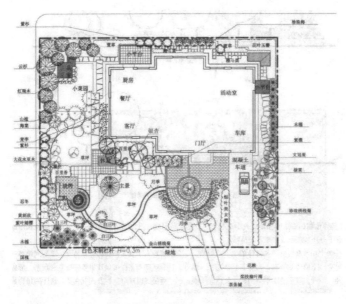

图 9-4 植物种植初步平面图

2.确定配景植物

主景一经确定，就可以考虑其他配景植物了。如南窗前栽植银杏，银杏可以保证夏季遮阴、冬季透光，优美的姿态也与国槐交相呼应；在建筑西南侧栽植几株山楂，白花红果，与西侧窗户形成对景；人口平台中央栽植栾枝榆叶梅，形成视觉焦点和空间标示。

3.选择其他植物

接下来根据现状分析按照基地分区以及植物的功能要求来选择配置其他植物。如图 9-4 所示，人口平台外围栽植茶条槭，形成围合空间；车行道两侧配植细叶美女樱组成的自然花境；基地的东南侧栽植文冠果，形成空间的界定，通过珍珠绣线菊、棣棠形成空间过渡；基地的东侧栽植木槿，兼顾观赏和屏障功能；基地的北面寒冷、光照不足，所以以耐寒、耐阴植物为主，选择玉簪、萱草、耧斗菜以及紫杉、珍珠梅等植物；基地西北侧利用云杉构成防风屏障，并配置麦李、山楂、海棠、红瑞木等观花或者观枝植物，与基地的西侧形成联系；基地的西南侧，与人行道相邻的区域，栽植枝叶茂密、观赏价值高的植物，如忍冬、黄刺玫、木槿等，形成优美的景观，同时起到视觉屏障的作用；基地的南面则选择低矮的植被，如金山绣线菊、白三叶、草坪等，形成开阔的视线和顺畅的风道。

最后在设计图纸中利用具体的图例标志出植物的类型、规格、种植位置等，如图9-4所示。

（二）详细设计

对照设计意向书，结合现状分析、功能分区、初步设计阶段的工作成果，进行设计方案的修改和调整。详细设计阶段应该从植物的形状、色彩、质感、季相变化、生长速度、生长习性等多个方面进行综合分析，以满足设计方案中各种要求。

首先，核对每一区域的现状条件与所选植物的生态特性，是否匹配，是否做到了"适地适树"。对于本例而言，由于空间较小，加之住宅建筑的影响，会形成一个特殊的小环境，所以在以乡土植物为主的前提下，可以结合甲方的要求引入一些适应小环境生长的植物，比如某些月季品种、棣棠等。其次，从平面构图角度分析植物种植方式是否适合，比如就餐空间的形状为圆形，如果要突出和强化这一构图形式，植物最好采用环植的方式。

再次，从景观构成角度分析所选植物是否满足观赏的需要，植物与其他构景元素是否协调，这些方面最好结合立面图或者效果图来分析。

二、设计方法

（一）植物品种选择

首先，要根据基地自然状况，如光照、水分、土壤等，选择适宜的植物，即植物的生态习性与生境应该对应，这一点在前面的章节中已经反复强调过了，在这里就不再重复了。

其次，植物的选择应该兼顾观赏和功能的需要，两者不可偏废。比如根据植物功能分区，建筑物的西北侧栽植云杉形成防风屏障；建筑物的西南面栽植银杏，满足夏季遮阴、冬季采光的需要；基地南面铺植草坪、地被'，形成顺畅的通风环境。另外，园中种植的百里香香气四溢，还可以用于调味；月季不仅花色秀美、香气袭人，而且可以作切花，满足女主人的要求，还可以用于餐饮。每一处植物景观都是观赏与实用并重，只有这样才能够最大限度地发挥植物景观的效益。

另外，植物的选择还要与设计主题和环境相吻合，如庄重、肃穆的环境应选择绿色或者深色调植物，轻松活泼的环境应该选择色彩鲜亮的植物，如儿童空间应该选择花色丰富、无刺无毒的小型低矮植物。

总之，在选择植物时，应该综合考虑各种因素：（1）基地自然条件与植物的生态习性（如光照、水分、温度、土壤、风、生长速度等）；（2）植物的观赏特性和使用功能；（3）当地的民俗习惯、人们的喜好；（4）设计主题和环境特点；（5）项目造价；（6）苗源；（7）后期养护管理等。

（二）植物规格

植物的规格与植物的年龄密切相关，如果没有特别的要求，施工时栽植幼苗，以保证植物的成活率和降低工程成本。但在详细设计中，却不能按照幼苗规格配置，而应该按照成龄植物（成熟度75%~100%）的规格加以考虑，图纸中的植物图例也要按照成龄苗木的规格绘制，如果栽植规格与图中绘制规格不符时应在图纸中给出说明。

（三）植物布局形式

植物布局方式取决于园林景观的风格，比如规则式、自然式以及中式、日式、英式、法式等多种园林风格，它们在植物配置形式上风格迥异、各有千秋。

另外，植物的布局形式应该与其他构景要素相协调，比如建筑、地形、铺装、道路、水体等，规则式的铺装周围植物采用自然式布局方式，铺装的形状没有被突出出来，按照铺装的形式行列式栽植，铺装的轮廓得到了强化。当然这一点也并非绝对，在确定植物具体的布局方式时还需要综合考虑周围环境、园林风格、设计意向、使用功能等内容。

在种植设计图纸中是通过植物种植点的位置来确定植物的布局方式，所以在图中一定要标注清楚植物种植点的位置，因为项目实施过程中，需要根据图中种植点的位置栽植植物，如果植物种植点的位置出现偏差，就可能会影响到整个景观效果，尤其是孤植树种植点的位置更为重要。

（四）植物栽植密度

植物栽植密度就是植物的种植间距的大小。要想获得理想的植物景观效果，应该在满足植物正常生长的前提下，保证植物成熟后相互搭接，形成植物组团。因此作为设计师不仅要知道植物幼苗的大小，还应该清楚植物成熟后的规格。

另外，植物的栽植密度还取决于所选植物的生长速度，对于速生树种，间距可以稍微大些，因为它们很快会长大，填满整个空间；相反的，对于慢生树种，间距要适当减小，以保证其在尽量短的时间内形成效果。所以说，植物种植最好是速生树种和慢生树种组合搭配。

同样栽植幼苗，有时甲方要求短期内获得景观效果.那就需要采取密植的方式，也就是说增加种植数量，减小栽植间距，当植物生长到一定时期后再进行适当的间伐，以满足观赏和植物生长的需要。对于这一情况，在种植设计图中要用虚线表示后期需要间伐的植物，如图 9-5 所示。

植物栽植间距可参考表 9-1 进行设置。

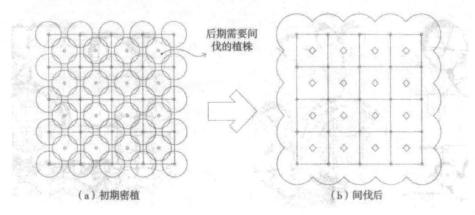

图 9-5 初期密植和后期间伐

表 9-1 绿化植物栽植间隔

名称		下限（中一中）（m）	上限（中一中）（m）
一行行道树		4.0	6.0
双行行道树		3.0	5.0
乔木群植		2.0	—
乔木与灌木混植		0.5	—
灌木群植	大灌木	1.0	3.0
	中灌木	0.75	2.0
	小灌木	0.3	0.5

第十章 园林苗圃的建立

第一节 园林苗圃用地的选择与规划设计

一、园林苗圃用地的选择

（一）园林苗圃的位置及经营条件

园林苗圃是城市绿化建设的重要组成部分，在城市绿化规划中，对园林苗圃的布局做了安排之后，就应该进行圃地的选择工作。在进行这项工作时，首先，要选择交通方便，靠近铁路、公路或水路的地方，以便于苗木的出圃和生产、生活资料的运入。其次，宜选在靠近村镇的地方，以便于解决劳动力的供给。再次，有条件时应尽量把苗圃设在靠近相关的科研单位、大专院校等地方，以利于先进技术的指导、科技咨询及机械化的实现。同时，还应注意尽量远离污染源。选择适当的苗圃位置，创造良好的经营条件，有利于提高苗圃的经营管理水平。

（二）苗圃的自然条件

1.地形、地势及坡向

园林苗圃应建在地势较高的开阔平坦地带，或者在 1°~3° 的缓坡地上。坡度可以稍大，以利于排水，但不宜超过 5°，以免引起水土流失。具体坡度大小可根据不同地区的具体条件和育苗要求来确定。在质地较为黏重的土壤上，坡度可适当大些，在沙性土壤上，坡度可适当小些。此外，地势低洼、风口、寒流汇集、昼夜温差大等的地形，容易产生苗木冻害、风害、日灼等灾害，严重影响苗木生长，不宜选作苗圃用地。

在地形起伏较大的山区，坡向的不同直接影响光照、温度、水分和土层的厚薄等因素，对苗木的生长影响很大。一般南坡背风向阳，光照时间长，光照强度大，温度高，昼夜温差大，湿度小，土层较薄，北坡与南坡的情况相反；而东、西坡向的情况介于南坡与北坡之间，但东坡在日出前到中午的较短时间内会形成较大的温度变化，且下午不再接受日光照射，因此对苗木的生长不利；西坡由于冬季常受到寒冷的西北风侵袭，易造成苗木冻害。可见不同坡向各有利弊，必须依当地的具体自然条件及栽培条件，因地制宜地选择最合适的坡向。

我国地域辽阔，气候差别很大，栽培的苗木种类也不尽相同，可依据不同地区的自然条件和育苗要求选择适宜的坡向。北方地区冬季寒冷，且多西北风，最好选择背风向阳的东南坡中下部作为苗圃用地，有利于苗木顺利越冬。南方地区温暖湿润，常以东南和东北坡作为苗圃用地，而南坡和西南坡光照强烈，夏季高温持续时间长，对幼苗生长影响较大。如在一苗圃内有不同坡向的土地时，则应根据树种的不同生态习性，进行合理安排。如在北坡培育耐寒、喜阴的苗木种类，而在南坡培育耐旱、喜光的苗木种类，既能够减轻不利因素对苗木的危害，又有利于苗木的正常生长发育。

2.土壤条件

土壤的质地、肥力、酸碱度等各种因素，都对苗木的生长产生重要影响，因此在建立苗圃时须格外注意。

（1）土壤质地

苗圃用地一般选择肥力较高的沙壤土、轻壤土或壤土。这种土壤结构疏松，透水透气性能好，土温较高，苗木根系生长阻力小，种子易于破土。而且耕地除草、起苗等工作也较省力。

黏土较肥沃，但结构紧密，透水透气性能差，土温较低，种子发芽困难，中耕阻力大，起苗易伤根。一般不宜作苗圃用地，必要时须改造。

沙土质地疏松，通气透水，但保水保肥能力差，肥力很低，水分不足，易干旱，夏季易发生日灼，苗木生长不良。同时，由于苗木的生长阻力小，根系分布较深，给起苗带来困难。

盐碱土不宜选作苗圃用地，因为幼苗在盐碱土上难以生长。

尽管不同的苗木可以适应不同的土坡，但是大多数园林植物的苗木还是适宜在沙壤土、轻壤土和壤土上生长。由于黏土、沙土和盐碱土的改造难以在短期内见效，一般情况，不宜选作苗圃用地。

（2）土壤酸碱度

土壤酸碱度是影响苗木生长的重要因素之一，一般要求园林苗圃土壤的 pH 值在 6.0~7.5 之间。不同的园林植物对土壤酸碱度的要求不同，一些阔叶树以中性或微碱性土壤为宜，如丁香、月季等适宜 PH 值为 7~8 的碱性土壤；还有一些阔叶树和多数针叶树适宜在中性或微酸性土壤上生长，如杜鹃、茶花、栀子花都要求 pH 值为 5~6 的酸性土壤。

土壤过酸或过碱均不利于苗木生长。土壤过酸（PH 值小于 4.5）时土壤中植物生长所需的氮、磷、钾等营养元素的有效性下降，铁、镁等元素的溶解度过于增加，同时危害苗木生长的铝离子活性增强，这些都不利于苗木的生长。土壤过碱（pH 值大于 8）时，磷、铁、铜、锰、锌、硼等元素的有效性显著降低，苗圃用地的病虫害增多，苗木发病率增高。过高的碱性和酸性抑制了土壤中有益微生物的活动，因而影响氮、磷、钾和其他元素的转化和供应。

二、园林苗圃的规划设计

苗圃的位置和面积确定后，为了充分利用土地，便于生产和管理，必须进行苗圃区划。区划时，既要考虑目前的生产经营条件，也要为今后的发展留下余地。苗圃的区划图，一般使用 1：（500~1000）的大比例尺。

苗圃区划应充分考虑以下这些因素，即按照机械化作业的特点和要求，安排生产区，如果现在还不具备机械化作业的条件，也应为今后的发展留下余地；合理配置排灌系统，使之遍布整个生产区，同时应考虑其与道路系统的协调；各类苗木的生长特点必须与苗圃用地土壤的水、肥、气、热条件相配合。

（一）生产用地的规划

生产用地包括播种区、营养繁殖区、移植区、大苗区、母树区、引种驯化区等。

1.播种区

播种区是苗木繁殖的关键区。实生幼苗对不良环境的抵抗力弱，对土壤质地、肥力和水分的条件要求高，需要精细管理。所以应选择生产用地中自然条件和经营条件最好的区域作为播种繁殖区，并且在人力、物力、生产设施等方面均应优先满足其要求。播种区的具体要求为：①应靠近管理区；②地势应较高且平坦，坡度小于 2°；③接近水源，灌溉方便；④土质优良，深厚肥沃；⑤背风向阳，便于防霜冻。

2.营养繁殖区

营养繁殖区是为培育扦插、嫁接、压条、分株等营养繁殖苗而设置的生产区。营养繁殖的技术要求也较高，并需要精细管理，故一般要求选择条件较好的地段作为营养繁殖区。培育硬枝扦插苗时，要求土层深厚，土质疏松而湿润。培育嫁接苗时，因为需要先培育砧木播种苗，所以应当选择与播种繁殖区的自然条件相当的地段。压条和分株育苗的繁殖系数低，育苗数量较少，不宜占用较大面积的土地，所以通常利用零星分散的地块育苗。嫩枝扦插育苗需要插床、阴棚等设施，可将其设置在设施育苗区。

3.移植区

移植区是为培育移植苗而设置的生产区。由播种繁殖区和营养繁殖区中繁殖出来的苗木，需要进一步培养成较大的苗木时，则应移入苗木移植区进行培育。移植区内的苗木根据规格要求和生长速度的不同，往往每隔 2~3 年还要再移植几次，逐渐扩大株、行距，增加营养面积。因为移植区占地面积较大，所以一般设在土壤条件中等、地块大而整齐的地方，同时也要根据苗木的不同生态习性进行合理安排。

4.大苗区

大苗区是培育植株的体型、苗龄均较大并经过整形的各类大苗的耕作区。在大苗区继续培养的苗木，通常在移植区内已进行过一次或多次的移植，在大苗区培育的苗木在出圃前一般不再进行移植，且由于培育年限较长，可直接用于园林绿化建设。因此，大苗区的设置对于加速绿化效果及满足重点绿化工程对苗木的需要具有重要意义。大苗区的特点是株、行距大，占地面积大，培育的苗木大，规格高，根系发达，因此一般选用土层深厚、地下水位较低、地块整齐的生产区。为了出圃时运输方便，大苗区最好设在靠近苗圃的主要干道或苗圃的外围处。

5.母树区

母树区是在永久性苗圃中，为获得优良的种子、插条、接穗等繁殖材料而设置的生产区。该区占地面积小，可利用零散地块，但要求土壤深厚、肥沃及地下水位较低。对于一些乡土树种可结合防护林带和沟边、渠道、路边进行栽植。

6.引种驯化区

引种驯化区是为培育、驯化由外地引入的树种或品种而设置的生产区。需要根据引入树种或品种对生态条件的要求，选择有一定小气候条件的地块进行适应性驯化栽培。

（二）辅助生产用地的规划

苗圃的辅助用地（或称非生产用地）主要包括道路系统、排灌水系统、防护林带、管理区建筑用房、各种场地等。辅助用地的设计与布局，既要方便生产、少占土地，又要整齐、美观、协调、大方。

1.道路系统的设计

苗圃道路是保障苗木生产正常进行的基础设施之一，苗圃道路系统的设计主要应从保证运输车辆、耕作机具和作业人员的正常通行来考虑。苗圃道路包括一级路、二级路、三级路和环路。

（1）一级路（主干道）一级路是苗圃内部和对外运输的主要道路，一般设置于苗圃的中轴线上，多以办公室、管理处为中心，设置一条或两条相互垂直的路作为主干道，设计路面宽度一般为6~8m，其标高应高于作业区20cm。

（2）二级路二级路通常与主干道相垂直，与各耕作区相连接，一班宽4m，其标高应高于耕作区10cm。

（3）三级路三级路是沟通各耕作区的作业路，一般宽度为2m。

（4）环路环路一般是在大型苗圃中，为了车辆、生产机具等设备回转方便而设立的，中小型苗圃视其具体情况而定。

在设计苗圃道路时，要在保证管理和运输方便的前提下，做到尽量少占土地。中小型苗圃可以考虑不设二级路，但主路不可过窄。一般苗圃中道路的占地面积不应超过苗圃总面积的7%~10%。

2.灌溉系统设计

苗圃必须有完善的灌溉系统，以保证供给苗木充足的水分。灌溉系统包括水源、提水设备、引水设施三部分。灌溉的形式有三种，即渠道灌溉、管道灌溉和移动灌溉。

（1）渠道灌溉土渠流速慢，蒸发量和渗透量较大，不能节约用水，且占用土地多。故现都采用水泥槽作水渠，既节约水又经久耐用。水渠一般分三级：一级渠道（主渠）是永久性的大渠道，一般顶宽1.5~2.5m；二级渠道（支渠）通常也为永久性的，一般顶宽1~1.5m；三级渠道（毛渠）是临时性的小水渠，一般渠顶宽度为1m左右。引水渠道设计时可根据苗圃用水量大小确定各级渠道的规格。大、中型苗圃用水量大，所设引水渠道较宽。主渠和支渠是用来引水的，故渠底应高出地面，毛渠则是直接向田地灌溉的，其渠底应与地面平齐或略低于地面，以免灌水时带入泥沙而埋没幼苗。引水渠道的设置常与道路系统相配合，各级渠道应互相垂直。渠道还应有一定的坡降，以保证水流速度，一般坡降在0.001~0.004之间为宜。水渠边坡一般采用45°为宜。

（2）管道灌溉管道引水是采取将水源通过埋入地下的管道引入苗圃作业区进行灌溉的形式，通过管道引水可实施喷灌、滴灌、渗灌等节水灌溉技术。管道引水不占用土地，也便于田间机械作业。喷灌、滴灌、渗灌等灌溉方式比地面灌溉的节水效果显著，灌溉效果好，节省劳力，工作效率高，且避免了地表径流，同时减少了对土壤结构的破坏。管道灌溉虽然投资较大，但在水资源匮乏的地区，采用节水管道灌溉技术仍是苗圃灌溉的发展方向。

（3）移动灌溉 移动灌溉有管道移动和机具移动两种形式，管道移动的主水管和支水管均在地表，可随意进行安装和移动。按照喷射半径能相互重叠来安装喷头，喷灌完一块苗圃地后，再移动到另一地区。机具移动式喷灌是以地上明渠为水源，使用时，通过抽水机具移动来进行喷灌，常见于中小型苗圃。

第二节 园林苗圃技术档案的建立

一、弄清苗圃技术档案的主要内容

（一）苗圃基本技术档案

记录苗圃的地形、土壤、气候及经营条件、人员配置以及经营性质和目标等情况。

（二）苗圃土地利用档案

记录苗圃土地的利用和耕作情况，以便从中分析圃地土壤肥力的变化与耕作之间的关系，为合理轮作和科学经营苗圃提供依据，一般用表格的形式把各作业区的面积、土质、育苗种类、育苗方法、作业方式、整地、灌溉、施肥、除草、病虫害防治及苗木生长质量等基本情况逐年记录并保存（见表10-1）。

表 10-1 苗圃土地利用表

作业区号：　　　　　　　　　　　　作业区面积：

年度	树种	育苗方法	作业方式	整地情况	施肥情况	除草作业	灌溉情况	病虫害情况	苗木质量	备注

填表人：

填写说明：①育苗方法指播种、扦插、埋条等；②作业方式指苗床式、大田式等；③整地情况主要填写耕地、中耕、除草的次数、深度、时间、方法、使用工具等，④施肥灌溉情况指施肥种类、施肥数量、施肥方法、施肥时间、灌溉次数和灌溉时间等；⑤除草作业指使用除草剂的种类、用量、方法、时间、效果等；⑥病虫害情况指病虫害发生的种类、危害程度、防治情况等；⑦苗木质量指单位面积的平均产量、平均株高、平均干径、成苗率等。

（三）育苗技术措施档案

主要记录每一年中苗圃内各种苗木的整个培育过程，包括从种子或种条的处理开始，直到把苗包装为止的一系列技术措施，一般用表格的形式记录下来（见表 10-2）。

表 10-2 育苗技术措施表

苗木种类：　　　　　　　　　　　　育苗年度：

育苗面积	苗龄	前茬			
繁殖方法	实生苗	种子来源 播种方法 覆盖起止日期	储藏方式 播种量 出苗率	储藏时间 覆土厚度 间苗时间	催芽方法 覆盖物 留苗密度
	扦插苗	插条来源 成活率	储藏方法	扦插方法	扦插密度
	嫁接苗	砧木名称 嫁接日期	来源 嫁接方法	接穗名称 绑缚材料	来源 解缚日期
	移植苗	移植日期 移植苗来源	移植苗龄 移植苗成活率	移植次数	移植株行距
整地	耕地日期	耕地深度		作畦日期	
施肥	—	施肥日期	肥料种类	施肥量	施肥方法
	基肥				
	追肥				
灌溉	次数	日期			
中耕	次数	日期	深度		
病虫害	—	名称	发生日期	防治日期	药剂名称	浓度	方法
	病害				
	虫害				
出圃	日期	起苗方法		储藏方法	
育苗新技术应用情况					
存在问题及改进意见					

填表人：

（四）苗木生长发育档案

以年度为单位，定期采取随机抽样法进行调查，主要记载苗木生长发育情况（见表 10-3）。

表 6-3 苗木生长发育表

育苗年度：

苗 木 种 类	苗 龄		育苗繁殖方法	移 植 次 数
开始出苗			大量出苗	
芽膨大			芽展开	
顶芽形成			叶变色	
开始落叶			完全落叶	
生长量				

项目	月日	月日	月日	月日	月日	月日	月日	月日	月日	月日	月日
苗高											
地径											

育苗面积	种条来源		繁殖方法	

出圃	级别	分级标准	单产	总产
	一级	高度		
		地径		
		根系		
		冠幅		
	二级	高度		
		地径		
		根系		
		冠幅		
	三级	高度		
		地径		
		根系		
		冠幅		
	等外级			
	其他			
备注			合计	

填表人：

（五）苗圃作业档案

以日为单位，主要记载每日进行的各项生产活动，以及劳力、机械工具、能源、肥料、农药等的使用情况（见表 10-4）。

表 10-4 苗圃作业日记

年　　月　　日

苗木名称	作业区号	育苗方法	作业方式	作业项目	人工	机具		作业量		物料使用量			工作质量	备注
						名称	数量	单位	数量	名称	单位	数量		
总计														
记事														

填表人：

（六）苗圃销售档案

记载各年度销售苗木的种类、规格、数量、价格、日期、购苗单位及用途等。

二、建立苗圃技术档案的要求

根据生产和科学实验的需要，而且为了充分发挥苗圃技术档案的作用，苗圃技术档案必须做到以下几点：

1.苗圃技术档案是园林生产的真实反映和历史记录，要长期坚持，不能间断。

2.设置专职或兼职管理人员。多数苗圃采取由技术人员兼管的方式。这是因为技术人员是经营活动的组织者和参与者，对生产安排、技术要求及苗木的生长情况最清楚。由技术员兼管档案不仅方便可靠，而且直接把管理与使用结合起来，有利于指导生产。

3.观察记录时，要认真负责、及时准确。要求做到边观察边记录，务求简明、全面、清晰。

4.一个生产周期结束后，对记录材料要及时汇总整理、分析总结，从中找出规律性的经验，及时提供准确、可靠的科学数据和经验总结，指导今后苗圃生产和科学实验。

5.按照材料形成时间的先后顺序或重要程度的不同，连同总结等分类装订，并登记造册，长期妥善保存。最好将归档的材料输入计算机储存。

6.档案管理员应尽量保持稳定，工作调动时，应及时另配人员并做好交接工作，以免因间断及人员更换而造成资料无人管理的现象。

第十一章 苗木繁育技术

第一节 实生苗繁育技术

一、种子播前处理

（一）种子精选

种子经过储藏，可能发生虫蛀、腐烂等现象。为了获得纯度高、品质好的种子，确定合理的播种量，以保证播种出苗快而齐，在播种前应对种子进行精选。其精选的方法可根据种子的特性和夹杂物的情况进行筛选、风选、水选、粒选。

（二）种子消毒

在播种前要对种子进行消毒，一方面消除种子本身携带的病菌，另一方面防止土壤中的病虫危害。常用的种子消毒的方法有紫外线消毒、药剂浸种、药剂拌种等。

1. 紫外线消毒

将种子放在紫外线下照射，能杀死一部分病菌。由于光线只能照射到表层种子，所以要将种子摊开堆放，不能太厚。消毒过程中要翻搅，每半个小时翻搅一次，一般消毒 1 个小时即可。翻搅时人要避开紫外线，避免紫外线对人身体造成伤害。

2. 药剂浸种

（1）福尔马林

在播种前 1~2 天，将种子放入 0.15％的福尔马林溶液中，浸泡 15~30 分

177

钟，取出后密闭 2 小时，用清水冲洗后阴干。

（2）高锰酸钾

用 0.5％的高锰酸钾溶液浸种 2 小时或用 3％的浓度浸种 30 分钟，用清水冲洗后阴干。此方法适用于尚未萌发的种子，但胚根已突破种皮的种子不能用此方法消毒。

（3）次氯酸钙（漂白粉）

用 10g 的漂白粉加 140mL 的水，振荡 10 分钟后过滤。过滤液（含有 2％的次氯酸）直接用于浸种或稀释一倍处理。浸种消毒时间因种子而异，通常在 5~35 分钟之间。

（4）硫酸亚铁

用 0.5％~1％的硫酸亚铁溶液浸种 2 小时，用清水冲洗后阴干。

（5）硫酸铜

播种前，用 0.3％~1％的硫酸铜溶液浸种 4~6 小时，用清水冲洗后晾干。

（6）退菌特

将 80％的退菌特稀释 800 倍，浸种 15 分钟。

3. 药剂拌种

（1）甲基托布津（别名为甲基硫菌灵）

用 50％或 70％的可湿性甲基托布津粉剂拌种，可防治苗期病害，如金盏菊、瓜时菊、凤仙花的白粉病，樱草的灰霉病，兰花、万年青的炭疽病，鸡冠花的褐斑病，百日草的黑斑病等。注意：甲基托布津若长期连续使用，会使病原菌产生抗药性，降低防治效果，可以与其他药剂轮换使用，但多菌灵除外。拌种时可以用聚乙烯醇作藏着剂，用 200 倍液，用量为种子量的 0.7％。

（2）辛硫磷

辛硫磷用于防治地下害虫，可以用 50％的乳油拌种，用量为种子量的 0.1％~0.15％。

（3）赛力散（过磷酸乙基汞）

赛力散在播前 20 天使用，用量为种子量的 0.2％，拌种后密封储藏，20

天后播种，有消毒和防护的作用。它适用于针叶园林树木。

（4）西力生（氯化乙基汞）

西力生的用量为种子量的 0.1%~0.2%，适用于松柏类种子的消毒，并且有促进发芽的作用。

二、播种苗的抚育管理

（一）出苗期的管理

1.覆盖保墒

为了促进种子的萌发，生产上经常对播种地进行覆盖。覆盖材科可以就地取材，一般有塑料薄膜、稻草、麦秆、茅草、苇帘、松针、锯末、谷壳、苔藓等。覆盖厚度以不见土面为宜；当幼苗大量出土时，应及时分次撤除，防止引起幼苗的黄化或弯曲。

若用塑料薄膜覆盖，当土壤温度达到 28℃时，要掀开薄膜通风，待幼苗出土后撤除。温室内加盖薄膜保湿的，每天早晚也要掀开一定时间以利于通风透气。

2.灌溉

一般在播种前应灌足底水。在不影响种子发芽的情况下，播种后应尽量不灌水，以防止降低土温和造成土壤板结。出苗前，如果苗床干燥则应适当补水，常采用喷灌的方式进行补水。

3.松土除草

播种后，在幼苗还未出土时，如果因灌溉使土壤板结，应及时松土；秋冬播种的话，宜在早春土壤刚化冻时进行松土。松土不宜过深，以免松动种子，松土时可同时除去杂草。

（二）苗期管理

1.遮阴

遮阴主要是对耐阴苗木和嫩弱的幼苗采取的管理措施，特别是在幼苗出土和揭去覆盖物时，可用遮阴来缓和环境条件的变化对幼苗的影响。其方法为：搭成一个高 0.4~1.0m 的平顶或向南北倾斜的阴棚，用竹帘、苇席、遮阳网等作遮阴材料。遮阴时间为晴天的上午 10 点到下午 5 点左右，早晚要将遮阴材料撤除。每天的遮阴时间应随苗木的生长逐渐缩短，一般遮阳 1~3 个月，当苗木的根颈部已经木质化时，应拆除阴棚。除搭建阴棚外，生产上也可用遮阳网、插阴枝等方法对苗木进行遮阳。

2.间苗、补苗

为了调整苗木疏密，给幼苗生长提供良好的通风、透光条件，保证每株苗木所需的营养面积，需要及时进行间苗、补苗。

（1）间苗原则

间苗的原则是"间小留大、去劣留优、间密留稀、全苗等距、适时间苗、合理定苗"。对于影响其他苗木生长的"霸王苗"可移至专门区域集中栽植。

间苗宜早不宜迟。间苗早，苗木之间的相互影响较小。具体时间要根据植物的生物学特性、幼苗密度和苗木的生长情况确定。针叶树的幼苗生长较慢，密集的生态环境对它们的生长有利，一般不间苗。播种量过大、生长过密、幼苗生长快的植物要适当进行间苗，如落叶松、杉木等可在幼苗期中期间苗，在幼苗期末期定苗，而生长较慢的植物宜在速生期初期定苗。

（2）间苗方法

间苗的时间和次数应根据苗木的生长速度和抗逆性的强弱而定。对于生长快、抗逆性强的苗木，可结合定苗一次性间苗，如槐树、刺槐、臭椿、白蜡、榆树、君迁子等。其他苗木的间苗一般分 1~3 次进行，如侧柏、水杉、落叶松等。第 1 次间苗一般在幼苗长出 3~4 片真叶、能相互遮阴时开始。第 1 次间苗后，保留的苗木应比计划产苗量多 30%~50%。第 2 次间苗一般在第一次间苗后的 10~20 天进行。保留的苗木应比计划产苗量多 20%~30%。间苗时难免会带动保留苗的根系，因此，间苗后应及时灌溉。定苗应在苗木生长稳定后进行，定苗时的留苗量可比计划产苗量高 5% 左右，定苗也可与第 2 次间苗结合进行。

（3）补苗

幼苗出土后，如果发现有缺苗断垄的现象，应及时将苗木补全，可结合间苗同时进行。当苗圃大面积缺苗时，可将稀疏的幼苗挖起来集中栽植，以充分利用土地。

3.幼苗移栽

幼苗移栽常见于种子稀少的珍贵园林植物和种子极细小、幼苗生长很快的园林植物的育苗，以及穴盘育苗、组培育苗等。

幼苗根系比较浅、细嫩，叶片组织薄弱，不耐挤压，移栽前应对移栽地进行灌溉。同时，由于幼苗对高温、低温、干旱、缺水、强光、土壤等适应能力差，因此幼苗移栽后需立即进行管理，同时根据不同情况，采取遮阴、喷水（雾）等保护措施，等幼苗完全恢复生长后再及时进行叶面追肥和根系追肥。

4.截根

截根是使用利器在适宜的深度将幼苗的主根截断，主要适用于主根发达而侧、须根不发达的树种。截根能有效地抑制主根生长，促进幼苗多生侧根和须根，提高幼苗质量；同时由于须根增多，提高了菌根的感染率，可显著提高栽植成活率。

截根一般在秋季苗木的地上部分停止生长后或春季根系开始活动之前进行。截根时用截根锹、起苗犁倾斜 45°入土，入土深度为 8~15cm。对于主根发达，侧根发育不良的植物，如樟树、核桃、栎类、梧桐等，可在生长初期的末期进行截根。

5.施肥

苗期施肥是培养壮苗的一项重要措施。为发挥肥效，防止养分流失，施肥要遵循"薄肥勤施"的原则。苗木施肥一般以氮肥为主，适当配以磷、钾肥。苗木在不同的生长发育阶段对肥料的需求也不同。一般来说，播种苗生长初期需氮、磷肥较多，速生期需大量氮肥，生长后期应以钾肥为主，磷肥为铺，并控制氮肥的用量。第一次施肥宜在幼苗出土后一个月进行，当年最后一次追施氮肥应在苗木停止生长前一个月进行。苗木的施肥方法分为土壤追肥和根外追肥。

第二节 扦插苗繁育

一、硬枝扦插技术

用已经本质化的成熟枝条作为插穗进行扦插育苗的方法称为硬枝扦插。如葡萄、石榴、无花果、悬铃木、月季、木瑾、女贞、黄杨、红叶石楠、栀子花等园林植物常用此法繁殖。

（一）扦插时期

硬枝扦插在春秋两季均可进行，一般以春季为主。春季扦插以从土壤解冻后至芽萌动前这段时间进行为宜。秋季扦插则一般在植物生长已停止但还未进入休眠时进行，并且在早上进行为宜，从而可以利用秋季较高的气温和地温，促进插穗生根和扦插苗的生长；在气候干燥或温度不能满足插穗生根的地区，可配合塑料小棚、阳畦等设施，以保证温度和湿度，同时，还可以保证秋季扦插苗的安全越冬；另外，难以生根的植物，为了提高成活率，可在温室进行扦插。

（二）插穗的采集

作为采穗的母株，应是发育阶段较年轻的幼龄植株，同时还应根据植物种类和培植目的进行选择。如：乔木树种应选择生长迅速、干形通直圆满、没有病虫害的优良品种的植株作采穗母本；花灌木则要求选择色彩丰富、花大色艳、香味浓郁、观赏期长的植株作为采穗母本；绿篱植物要求选择分枝力强、耐修剪、易更新的植株作为采穗母本；草本植物则需根据其花色、花形、叶形、植株形态等选择采穗母本。然后在已选定的母株上采集一年生、生活力旺盛、树冠外围、分枝级数低、发育充实的枝条。

落叶树种在春季采用硬枝扦插时，采穗时间应从树木落叶后开始，至翌年树液开始流动前为止。常绿树种在春季扦插时，一般在芽萌动前采穗较好。

秋季扦插一般选择在从植物生长停止至休眠之间随采随插。

（三）插穗的储藏

树木落叶后采集的插穗，如果不立即扦插，可储藏在地窖中。其方法是在地面上铺一层 5~10cm 的湿沙，将捆扎好的插穗直立码放在沙子上，码一层插穗铺一层沙，最后一层用沙覆盖。地窖要求干净、卫生，沙子的含水量以 50%~60% 为宜，地窖的温度保持在 5℃左右。也可像储藏种子一样进行室外沟藏或室内堆藏。

（四）插穗的剪截

插穗采集后应立即进行剪穗。截取插穗原则上要保证上部第一个芽发育良好，组织充实。插穗的长度一般为 10~15cm，粗枝稍短，细梢稍长。剪口要平滑，以利愈合。插穗的上部切口剪成平口，这样其伤口面积小，水分蒸发少，有利于维持插穗的水分平衡。剪口距上部第一个芽 1cm 左右，如果过高，则上芽所处的位置较低，没有顶端优势，不利愈合，易造成死桩；如果过低，上部易干枯，则会导致上芽死亡。下切口最好紧靠节下（距节0.5~1.0cm），因为在节附近储藏的营养丰富，薄壁细胞多，易于形成愈伤组织和生根。下切口的形状根据生根的难易，可进行平剪、斜马蹄形剪、双马蹄形剪、踵状剪、槌形等。一般平剪口生根分布均，适用于宜生根的园林植物。其他形状的剪口，适用于较难生根的园林植物，但斜马蹄形剪口易产生偏根现象。

插穗剪制时要特别注意：剪口要平滑，防止撕裂；保护好芽，尤其是上芽。

二、嫩枝扦插技术

嫩枝扦插是在生长期中应用半木质化或未木质化的插穗进行扦插育苗的方法。该方法适用于硬枝扦插不易成活的植物、常绿植物、草本植物和一些半常绿的木本观花植物。

（一）扦插时期

嫩枝扦插一般在生长季节使用，只要当年生新茎（或枝）长到一定程度即可进行。不同园林植物的生长期有差异，适宜扦插的时间也不同，例如，桂花宜在 5 月中旬至 7 月中旬和 9 月中旬至 10 月中旬进行，樱花宜在 6 月中上旬至 9 月中上旬进行，雪松宜放在 7 月至 8 月进行，木瑾宜在 7 月中旬进行，月季宜在 4 月至 5 月或 9 月至 10 月进行。

（二）采条

由于生长季节一般气温较高，蒸发量大，因此采集插穗应在阴天无风或早晚气温低、光照不很强烈的时间进行。草本植物的插穗应选择枝梢部分，硬度适中的茎条。若茎过于柔嫩，易腐烂；过老则生根缓慢。如菊花、香石竹、一串红、彩叶草等就属于这种情况。木本园林植物应选择在生长健壮、无病虫害的植株上发育充实的半木质化枝条，顶端过嫩则扦插时不易成活，应剪去不用，然后视其长短剪制成若干个插穗。

（三）插穗的处理

枝条采集后，最重要的是要保证枝条不失水，所以要时刻注意保湿。并将枝条截成插穗，做到随时采条，随时剪截，随时扦插。嫩枝插穗的长度取决于园林植物本身的特性和枝条节间的长短。一般长度以 1 至 4 个节间和 5~20cm 长为宜。插穗上端的叶应适当保留，以便进行光合作用，制造营养物质和植物激素，促进插穗的生根、发芽和生长。一般来说，阔叶树留 1~3 片叶，叶片较大的园林植物，要把所保留的叶片剪去 1/2 至 1/3，以减少蒸腾作用。插穗上端要在芽上 1cm 处平剪，插穗下端在叶片或腋芽之下，剪成马耳形斜切口。

第三节 嫁接苗繁育

一、嫁接方法

嫁接时，要根据嫁接植物的种类、接穗与砧木的情况、育苗目的、季节等，选择适当的嫁接方法。生产中常用的嫁接方法，根据接穗的种类可分为枝接和芽接两种；根据砧木上嫁接位置的不同，可分为茎接、根接、芽苗（子苗）接等。不同的嫁接方法都有与之相适应的嫁接时期和技术要求。

（一）枝接

枝接是以枝为接穗的嫁接繁殖法。

1.劈接

劈接是将砧木劈开一个嫁接口，将接穗削成楔形，插入劈口内的一种嫁接方法。劈接法通常在砧木较粗、接穗较细时使用。

（1）削接穗从接穗种条上，选取中段较光滑充实，并有健壮芽的部位，截成 5~6cm 长作接穗，每穗应留 2~3 个芽。然后在下芽 3cm 左右处两侧削成楔形斜面。如砧木粗则削成偏楔形，使一侧较厚，另一侧稍薄些；若砧穗粗细相当，可削成正楔形。削面长 2.5~3cm，平整光滑。

（2）劈砧木距地面一定高度截断砧木，截口要平滑，以利于其愈合。在砧木横断面的中心通过髓心垂直向下劈出一个深 2~3cm 的切口。若砧木较粗，也可在断面的 1/3 处偏劈。

（3）插入接穗用劈接刀的楔部轻轻撬开劈口，把接穗缓缓插入其内，使砧穗的形成层准确对接。如果接穗较细，只需将偏楔形的宽面与砧木劈口的形成层对准即可。插入接穗时，使接穗削面露出约 0.2~0.3cm，这样形成层的接触面大，有利于分生组织的形成和愈合。较粗的砧木可以在砧木劈口两侧各插入一个接穗。

（4）绑扎接穗插入后用塑料薄膜条或麻皮把接口绑紧。注意不要触动接穗，以防止形成层错位。接穗没有进行蜡封的，应将接穗顶端包严，或将接穗部分用松土培埋，以利于其成活时发芽。

2.切接

切接法一般用于直径为2cm左右的小砧木，是枝接中最常用的一种方法。

（1）削接穗削接穗时，接穗上要保留 2~3 个完整饱满的芽，将接穗从下芽背面起，用切接刀向内切一个深达木质部但不超过髓心的长切面，长2~3cm。再于该切面的背面末端削一个长 0.8~1cm 的小斜面。削面必须平滑，最好是一刀削成。

（2）切砧木砧木宜选用 2cm 粗的幼苗，稍粗些也可以。在距地面 5~10cm 处或适宜高度处断砧，削平断面，选较平滑的一侧，用切接刀垂直向下切（切的位置略达木质部，或在横断面上直径的 1/4~1/3 处），深度为 2~3cm。

（3）插接穗将接穗切面插入砧木切口中，使长切面向内，并使砧穗的形成层对齐、靠紧（至少对准一边）。其绑扎等工序与劈接相同。

（二）芽接

用芽作为接穗进行的嫁接称为芽接。芽接的优点是节省接穗，一个芽就能繁殖成一个新植株。芽接多在夏季进行。

1."T"字形芽接

"T"字形芽接是目前应用最广的一种芽接方法。它适用于砧木和接穗均离皮的情况。

（1）取接芽在已去掉叶片仅留叶柄的接穗枝条上，选择健壮饱满的芽。在芽上方的 0.5~1.0cm 处先横切一刀，深达木质部，再从芽下 1.5cm 左右处，从下往上斜切入本质部，使刀口与横切的刀口相交，用手取下盾形芽片。如果接芽内带有少量木质部，应用嫁接刀的刀尖将其仔细地取出。

（2）切砧木在砧木距离地面 7~15cm 处或满足生产要求的一定高度处，选择光滑部位，用芽接刀先横切一刀，深达木质部，再从横切刀口往下垂直纵切一刀，长 1~1.5cm，形成一个"T"字形切口。

（3）插接穗用芽接刀的骨柄轻轻地挑开砧木切口，将接芽插入挑开的"T"字形切口内，压住接芽叶柄往下推，使接芽的上部与砧水上的横切口对齐。手压接芽叶柄，用塑料条绑扎紧，芽与叶柄可以外露也可以不外露。

2.嵌芽接

此种方法不受树木离皮与否的限制。

（1）取接芽接穗上的芽，自上而下切取。先从芽的上方 1.0~1.5cm 处稍带木质部向下斜切一刀,然后在芽的下方 0.5~1.0cm 处约成 30°角斜切一刀,使两刀口相交,取下芽片。

（2）切砧木在砧木适宜的位置,从上向下稍带木质部削一个与接芽片长、宽相适应的切口。

（3）插接穗将芽片嵌入切口,使两者的形成层对齐,然后用塑料条将芽片和接口包严即可。

二、嫁接后管理

（一）检查成活率

对于生长季的芽接,在嫁接后的 10~15 天即可检查其成活情况。凡接芽新鲜,叶柄一碰即落的,表示已成活;若叶柄干枯不落或已发黑的,表示嫁接未成活。秋季或早春的芽接,接后不立即萌芽的,检查成活率的工作可以稍晚进行。

枝接或根接,一般在嫁接后的 20~30 天或更长的时间后检查其成活率。若接穗保持新鲜,嫁接口愈合良好,或接搞上的芽已经萌发生长,表示嫁接成活。

（二）解除绑缚物

春、夏生长季节嫁接后很快萌发的芽接和嫩枝接,结合检查成活率的工作及时解除绑扎物,以免接搪发育受到抑制。

枝接由于接稻较大,愈合组织虽然已经形成,但砧木和接德的结合常常不牢固,解除绑扎物不可过早,以防止因其愈合不牢而自行裂开死亡。秋季嫁接成活后很快停止生长的植物,可到翌年萌发时解除绑扎物,以利于绑扎物保护接穗越冬。

（三）剪砧

剪砧是指在嫁接成活后，剪除接穗上方砧木部分的一项措施。嫁接后立即萌发的，如 7~8 月以前进行的"T"字形、方块形芽接等，剪砧要早，一般在嫁接后立即进行，不必等成活后再进行。如果嫁接部位以下没有叶片，可以采用折砧法，即将砧木的木质部大部分折断，仅留一小部分的韧皮部与下部相连接，等接穗芽萌发后，长至 10cm 左右时再剪砧。剪砧可以一次完成，也可以分两次完成。一次完成的，剪砧的位置一般在接穆芽上方 1cm 左右，过高不利于接稿芽的萌发，过低容易造成接穗芽的失水死亡。分两次完成的，剪砧的位置第一次，可以稍高些，在接穗上方 2~3cm 处；第二次在正常位置剪砧，秋季嫁接时，当年不需要萌发而要在翌春才萌发的，应在萌发前及时剪砧。

第四节 压条、埋条及分株育苗

一、压条育苗

（一）压条的方法

压条法育苗，其被压枝条生根过程中的水分、养分均由母体供给，管理容易，多用于扦插难以生根的园林植物，如桂花、蔷薇、玉兰、白兰花、樱桃、桧柏等。压条的方法可分低压法和高压法（空中压条）两类，低压法又可分为普通压条、水平压条、波状压条、直立压条。

1.普通压条（曲枝压条）

适用于枝条离地面近且容易弯曲的植物种类。其方法是：选择靠近地面而向外开展的 1~2 年生枝条，在地面适宜的位置，挖一个深、宽各 10~20cm 的沟或穴。挖穴时，离母株近的一面控斜面，另一面成垂直，使枝条压入穴中时做到"缓入急出"，即枝条入穴的角度较缓（缓入），出穴的角度较陡（急出）。为防止枝条弹出，可在枝条的下弯部分插入小木叉固定，再盖土压紧，生根后切割分离而成为一个独立的植株。绝大多数的花灌木都可采用此法。

2.水平压条

水平压条适用于枝条较长或具藤蔓性的园林植物，如紫藤、连翘、葡萄等。压条时选择生长健壮的 1~2 年生枝条，开沟将整个长枝条埋入沟内并固定。被埋枝条的每个芽节处生根发芽后，将两株之间的地下相连部分切断，使之各自形成独立的新植株。压条一般宜在早春进行。

3.波状压条

波状压条适用于地锦、常春藤等枝条较长而柔韧性强的蔓性植物。压条时将枝条呈波浪状压埋入土中，枝条弯曲的波谷压入土中，波峰露出地面，待其地上部分发出新技，地下部分生根后，再切断相连的波状枝，使其形成各自独立的新植株。

4.压条后的管理

压条之后，应注意保持土壤或基质的湿度，及时调节土壤或基质的通气状况和温度。

在初始阶段，还要注意埋入土壤中的枝条是否有弹出地面的现象，如果有，要及时将其埋入土壤中。

（二）促进压条生根的措施

为了促进压条生根，生产上一般采取以下措施：在生根部位进行环剥、环割等机械处理；与扦插一样使用吲哚丁酸、吲哚乙酸、萘乙酸等生长素处理，促进压条生根，但是因为其枝条连接母株，所以不能使用浸渍的方法，只能使用涂抹法进行处理。

二、埋条育苗

（一）埋条的方法

埋条育苗由于所用枝条长，所含营养物质多，故有利于生根和生长，且一处生根即可保证全条成活，能同时生长出若干株苗木。对于某些扦插不易生根的园林植物，如毛白杨、泡桐等，用埋条育苗的方法效果良好。但埋条育苗因枝条不同部位的芽的质量不一样，出土的先后次序不一，苗木的粗细、高低不同，因此分化现象较明显。其具体方法如下：

1.不带根埋条

埋条时，将整好的苗床顺行开沟，深 2~3cm，宽 5~6cm 为宜，沟距根据所育苗木要求的密度而定。开沟后一边将枝条平放于沟内，一边覆土。覆土厚度随植物的种类、季节和土壤条件的不同而异，一般在 2cm 左右。然后顺行踩实、灌水，保持苗床湿润。

2.带根埋条

带根埋条适用于干旱地区。将带根的一年生苗，整株平埋入苗床内，使根和梢部弯入土中，苗干和土壤全部密贴，然后覆土 2cm，并稍加镇压。

在土壤较黏重的地区和萌芽破土能力弱的园林植物，进行埋条育苗时，不再开沟，而直接将种条平放于苗床，在种条发芽处不埋土，使芽暴露，其他地方埋成土堆。土堆高约 10cm，长 15~20cm，两土堆之间露芽 2~3 个。将土堆踏实，并经常保持湿润。

（二）埋条后的管理

1.灌水

埋条后应立即灌足水一次，前期经常浇水，保持土壤湿润。种条生根进入幼苗期和速生期后逐渐增加灌水量并延长灌溉间隔期，生长后期由控制灌水到停止潜水，以促进苗木的木质化。

2.覆土

灌溉后或雨后如发现被埋母条外露要及时用土覆盖。

3.培土

由于植物极性的原因，埋条后往往母条的基部易生根，而稍部生根较少但易发芽抽稍，造成根上无苗，苗下无根的现象。生产上，当苗高为 10~20cm 时，为了促进萌条基部的生根，要及时培土。

4.间苗

当苗高达到 20~30cm 时，如苗木密度过大，应进行间苗。间苗可分两次进行，第一次间除过密苗、病虫苗、弱小苗，第二次则按计划产苗量定苗。

5.断条

待幼苗长到一定高度能独立生长时,用锋利的铁锹从苗木株间截断埋条，使苗木成单株生长，形成完整独立的植株。

三、分株育苗

（一）园林树木的分株方法

对园林树木来说，分株方法主要有根蘖分株和茎蘖分株两种。

1.根蘖分株

有些园林树种的根上易形成不定芽，从而形成根蘖。如火炬松、臭椿、紫玉兰、石榴、刺槐等。对这些根蘖，可在植物休眠期时将其刨出并切离母体，单独栽植，使之成为一个独立的植株。分离根蘖时，应注意尽量不要损伤母株。

2.茎蘖分株

有些园林树种的茎基部芽易萌发形成茎蘖枝，呈丛生状，可进行茎蘖分株。如连翘、迎春、黄刺玫、玫瑰、珍珠梅等。其方法是：在休眠期，将母株根颈部的土挖开，露出根系，用利器将茎蘖株带根挖出另行栽植；或连同母株全部挖出，用利刀将茎蘖从根部分离进行单独栽植。

（二）宿根类植物分株法

宿根类植物能通过宿存在土壤中的根及根茎再生出众多的萌芽、匍匐茎而进行分株育苗。分株主要在春、秋季进行。一般春季开花植物宜在秋季落叶后进行分株，如芍药等；秋冬季开花植物应在春季萌芽之前进行分株，如菊花等。其分株方法与园林树木的分株方法相同。

第十二章 园林植物的栽植

第一节 园林植物的露地栽植

一、木本园林植物的露地栽植

（一）栽植前的准备

园林树木露地栽植的准备工作的充分与否，直接影响到栽植的进度、质量、成活率及其生长发育。其准备工作一般包括以下几个方面：

1.了解设计意图与工程概况

园林树木在栽植前应向设计人员了解设计思想、目的或意境，以及施工完成后近期所要达到的效果，并通过设计单位和工程主管部门了解工程概况，包括：①园林植物的栽植及土方、道路、给排水、山石、园林设施等工程施工的范围和工程量；②施工期限，应保证园林树木在当地最适栽植期内进行栽植；③工程投资，即施工预算；④施工现场的地物及处理要求、地下的管线和电缆的分布与走向情况，以及定点放线的依据；⑤工程材料的来源和运输条件，尤其是苗木出圃的地点、时间、质量和规格要求等。

2.现场踏勘与调查

在了解设计意图和工程概况之后，负责施工的主要人员必须亲自到现场进行细致的踏勘与调查，应了解的情况有：①需要保留的各种房屋、原有树木、市政或农田设施以及需保护的古树名木等地物，需要拆迁的有关手续的办理与处理办法；②现场内外的交通、水源、电源等情况，如何使用机械车辆或开辟新线路；③施工期间的食堂、厕所、宿舍等生活设施的安排；④施工地段的土壤调查，以确定是否换土或改土，并估算客土量及其来源等。

3.编制施工方案

园林工程属于综合性工程，为保证园林树木栽植与其他各项施工项目的合理衔接，做到多、快、好、省地完成施工任务，实现设计意图和方便日后养护，在施工前都必须制定好施工方案。大型的园林施工方案一般由经验丰富的人员负责编写，内容包括：①工程概况，包括工程名称、地点、施工单位、设计意图与工程意义、工程内容与特点、有利和不利的条件等；②施工进度，应分单项与总进度，规定起、止日期；③施工方法，包括机械、人工及主要环节等的具体施工方法；④施工现场的平面布置，包括交通线路、材料存放、囤苗处、水源、电源、放线基点、生活区等的位置；⑤施工组织机构，包括单位和负责人，应设立生产和技术指挥、劳动工资、后勤供应和政工、安全、质量检验等职能部门；⑥施工预算，结合工程实际质量要求和当时当地市场价格进行预算。方案制订后应广泛征求意见，反复修改并报批后执行。

4.施工现场清理

在园林树木栽植前，对现场有碍施工的障碍物进行拆迁和清理，然后按照设计图进行地形整理。

5.选择苗木

园林树木的种类、苗龄与规格，应根据设计图纸和说明书进行选定并加以编号。苗木质量的好坏直接影响栽植能否成活和以后的绿化效果的好坏，所以园林树木栽植前要对提供的苗木的质量状况进行评价。

6.定点放线

园林树木栽植时一般应在栽植前完成定点放线工作，但也可以在放线的同时进行挖穴。定点放线的常用方法如下：

（1）绳尺徒手定点放线法一般在种植精度要求不高或栽植面积不大、不利于使用仪器放线的栽植工程时采用。放线时应先选取图纸上保留下来的、最近的固定性建筑或植物作为依据，并在图纸和实地上量出它们之间的距离，由近到远逐步定点放线。这种方法误差较大，仅适合于要求不高的绿地施工。

在定点时，对于片状灌木或丛林，若树种配置单调且没有特殊要求时，可单一放出林缘线，再利用皮尺或测绳，按株行距定出单株或树丛的位置，

然后用白灰或标桩加以标明。

（2）平板仪定点法一般在绿地范围较大且测量基点准确时采用。依据基点，将单株位点及片林的范围线按设计要求依次定出，并钉木桩标明。此方法相对误差较小。

（3）网格放线法适合于面积较大且地势平坦的绿地。可以在图纸上以一定的边长画出 5m、10m、20m 的等距方格网，再把方格网按比例采用经纬仪等来放桩并设到施工现场，再在每个方格内按照图纸上的相对位置，进行绳尺定点，此方法相对误差较小。

（4）交会法适用于范围较小、现场建筑物或其他标记与设计图相符的绿地。以建筑物的两个固定位置为依据，根据设计图上与该两点的距离相交会的位置，定出植树位置并做好标志。孤立树可钉木桩，写明树种、挖穴规格、穴号；树丛则需用白灰线划分范围，线圈内钉上木桩，写明树种、数量、穴号，然后用目测的方法定出单株小点，并用灰点标明。

（二）栽植的方法

1.栽植前修剪

为提高树木栽植的成活率并形成完美的树形，减少自然伤害，无论在出圃时是否进行过修剪，栽植时均需重新修剪，修剪量依据树种及景观要求的不同而异，一般首先应修剪在运输过程中不慎造成的断枝、断根，并在不影响整体树形的情况下，进行疏剪枝叶，以减少水分的消耗，维持地上部分的枝叶与地下部分的根系之间的水分平衡，提高栽植的成活率。

树木修剪完后一般应采用伤口涂补剂涂刷伤口，伤口涂补剂中一般含有能消毒并能促进伤口愈合的物质，同时能将伤口彻底与空气隔绝，可以防止病虫害侵染，促进伤口愈合。

2.散苗

散苗也叫配苗，是将苗木按设计图要求，散放于栽植穴边，主要应注意以下事项：

（1）必须保证位置准确，按图散苗。将苗木放置于穴边或穴内，对有特殊规格要求的苗木，应按规定对号入座，避免弄错。陪苗后还需及时核对设计图，检查调整。

（2）要爱护苗木，轻拿轻放，不得损伤树根、树皮、枝干或土球。

（3）散苗速度应与栽苗速度相适应，边散边栽，散毕栽完，尽量减少根系的暴露时间。

（4）沟内剩余苗木露出的根系，应随时用土埋严。

（5）用作行道树、绿篱的苗木散苗前应量好高度，按大小进一步分级排列，以保证栽植后整齐美观。

3.栽苗

（1）裸报苗的栽植

栽植时最好每两人组成一个作业小组，其中一人负责扶树并把握深度，另一人负责填土。栽植时一般首先在穴中填些松土至适当的深度，将树苗放入坑中扶直，并先填入坑边表土，待填至大约穴深的一半时，将苗木轻轻提起，使根系自然向下呈舒展状态，避免曲根和转根，并用脚踏实或用木棒夯实土壤，然后继续填土直到比穴边稍高一些，用力踏实或夯实，保持踩后的土壤与树穴相平或略超过苗木根际原土痕1cm左右，最后培土至原土印以上1~3cm，为保墒可不再踩实。此方法也称为"三埋二踩一提苗栽植"法，栽植大苗时一般需要按此方法操作，栽植小苗时则可适当简化。

（2）带土球苗的栽植

栽植带土球苗时，首先应量好穴的深度与土球的高度是否一致，若有差别应及时深挖或填土，以避免盲目入穴造成土球的来回搬动。土球入穴后应先在土球的底部四周垫少量细土将土球固定，并使树干直立，然后将包装材料剪开，除易腐烂的包装物外应尽量取出，即使不能全部取出也应尽量松绑，以保证新根的生长。然后境入表土至半穴，踩实或夯实后再继续用土填满穴，并夯实，夯实时注意不要砸碎土球。

（三）大树移植

大树一般是指胸径在15cm以上的落叶乔木和胸径在10cm以上的常绿乔

木，也泛指胸径在 10cm 以上的其他树木。大树移植是城市绿化建设中的一项重要技术手段，可以迅速达到绿化美化的园林效果，也是在城市改建扩建工程中，保护古树名木和各种成年树木的有效手段。大树移植一般条件较复杂，要求较高。

二、草本园林植物的露地栽植

（一）一、二年生花卉的栽植

在露地栽植的园林植物中，一、二年生花卉对管理条件要求比较严格，在花圃中一般应占用土壤、灌溉和管理条件优越的地段，其栽植一般包括以下环节：

1.整地

一、二年生花卉的露地栽植应选择光照充足、土壤深厚肥沃、pH 值适宜、水源方便和排水良好的地块。在选定的地块上进行整地。整地可以改进土壤的物理性质，增强土壤通透性，促进种子发芽顺利，有利于幼苗的根系生长；疏松土壤有利于增强土壤的蓄水能力，可以促进土壤风化和有益微生物的活动，增加可镕性养分的含量；有利于消灭杂草和病虫害。一般秋季耕地，春季作畦，整地深度要适宜，一般为 20~30cm，其中砂质土壤宜浅，而黏质土壤则宜深。整地应在土壤干湿适度时进行，以防过干时土块难以破碎或过湿时土壤容易板结。大面积整地可采用机械操作，小面积则可采用人工操作。翻耕时应清除石块、瓦片、残根、断茎和杂草等，若土壤过于疏松还需采用滚筒或木板等适当镇压。新开垦的土地宜深耕，并施入大量的有机肥以改良土质；土地使用多年后可将心土翻上、表土翻下，并施入堆肥或厩肥等基肥，以保证花卉生长的营养供应。

2.作畦

一、二年生花卉栽植多采用畦栽的方式，根据地区和地势的不同有高畦或低畦栽植之分。畦向、畦宽和畦高可根据种植地点、地势、栽培目的、花卉的种类与习性、当地的雨量多少及雨量的季节分布来决定。在山坡地带畦向一般与等高线一致；畦宽一般为 1.0m 左右，不超过 1.6m；高畦一般多用于南方多雨地区及低湿地，畦面高出地面，便于排水，硅面两侧为排水沟，一般畦高为 20~30cm；低畦多用于北方干旱地区，畦面两侧有畦埂，以保留雨水和便于灌溉，畦面宽度一般为 1.0m 左右，埂高 15~20cm，可种植 1~4 行。作畦时一般要求畦面平整、坚实和一致，并顺水源方向形成微坡，以便灌溉和排水，但在采用喷灌或滴灌时对畦面要求则不同。

3.种苗准备

一、二年生花卉多采用播种繁殖，可育苗后移植，也可直播繁殖。一年生花卉在南方一般在 2 月下旬至 3 月上旬播种，在北方一般在 4 月上旬或中旬播种；二年生花卉在南方一般 9 月下旬至 11 月上旬播种，在北方一般在 9 月上、中旬播种，具体也因品种及需求的不同而异。

4.移植

一、二年生花卉的移植可加大株间距离、扩大幼苗的营养面积、改善群体的通风透光条件、促进幼苗生长健壮，也可通过切断主根促进侧根的发生，提高幼苗的移植成活，抑制幼苗徒长，使幼苗生长充实、株型紧凑，提高观赏效果。一、二年生花卉的移植一般应在幼苗具 5~6 枚真叶、水分蒸腾量极低时进行，一般以春季发芽前为佳，在无风的阴天或降雨前移植较好。移植方式可分为裸根移植和带土移植两类，裸根移植一般适合于小苗和易成活的大苗，带土移植主要适合于大苗；栽植方法可分为沟植法、孔植法和穴植法。

（二）宿根花卉的栽植

宿根花卉的栽植与一、二年生花卉相似，但宿根花卉生长更强健，根系更强大，入土较深，抗旱和适应不良环境的能力更强，在栽培时应深翻土壤，并施入大量肥料。栽植后最好在春季抽芽前施一次肥，花前和花后各施一次肥，秋季叶枯时再施一次肥，以保证植株的正常生长。

（三）球根花卉的栽植

宿根花卉对土壤和肥料的要求更严格，一般应选择排水良好的土壤，施足基肥，尤其是磷肥和钾肥，并适当深耕（35~45cm）。球根花卉的栽植深度一般为球高的 3 倍，若为了繁殖而多生子球的宜浅植，若需开花大而多且球根大的可深植。球根花卉栽植时还应注意以下几点：

1.球根花卉栽植时应分离侧面的子球另行栽植，以免消耗营养，影响开花与观赏。

2.球根花卉的多数种类吸收根少而脆嫩，损伤后难以再生新根，故球根一经栽植，在生长期一般不宜移植。

3.球根花卉大多叶片较少，在栽植中应注意保护叶片，避免损伤。在采集切花时，也应尽量多保留植株的叶片，否则影响养分的合成，不利于开花和新球的成长，也有碍观赏。

4.花后应及时剪除残花，以免结实消耗养分，影响新球的发育。作为球根生产栽培时，通常应及时除去花蕾；但对于枝叶稀少的球根花卉，则应保留绿色花梗以合成养分供新球生长。同时，花后需要加强水肥管理，以保证地下新球的膨大充实。

5.春植冬眠球根在寒冷地区为防冬季冻害，需于秋季采收储藏越冬；秋植夏眠球根夏季休眠时容易腐烂，也需采收储藏。采收后，可按大小优劣进行分级，以便于合理繁殖和栽培管理。

6.新球或子球增殖较多时，应及时采收分离，否则常因拥挤而生长不良，并因养分分散而不易开花。对发育不够充实的球根，在采收后置于干燥通风处，可促使其后熟，否则在土壤中容易腐烂死亡。

7.采收后可将土地翻耕，加施基肥，有利于下一季的栽培，也可在球根休眠期内种植其他作物，以充分利用土地。

球根的采收应在其生长停止、茎叶枯黄而尚未脱落时进行。采收后应除尽附土及杂物，剔除病残的个体，部分易受病害侵染的球根还需进行消毒后再阴干储藏。球根的储藏方法因种类不同而异，一般对于通风要求不高、需保持一定湿度的种类如大丽花、美人蕉等，可采用埋藏法或堆藏法；对于要求通风良好、充分干燥的种类如唐菖蒲、郁金香等，则可在室内搭架，铺以透气而不漏的席箔，苇帘等摊放储藏。储藏时应注意保持适宜的温度、湿度和通风条件，并注意防止鼠害和病虫害。

第二节 园林植物的保护地栽培

一、了解保护地栽培设施

（一）温室

温室是园林植物保护地栽培中重要的栽培设施，能够对环境因子进行有效的调节和控制。温室内的温度、湿度、光照等可自动调节，灌溉、播种、施肥等操作也可实行高度的机械化、自动化，现今温室的大型化、现代化、工厂化生产已成为国内外园林植物栽培的发展方向。

1.温室类型

（1）根据温室用途分类

根据用途温室可分为观赏性温室、生产性温室和试验研究性温室。观赏性温室一般专供陈列、展览、普及科学知识之用，设于公园和植物园内，要求外形美观、高大，便于游人游览、观赏、学习等。生产性温室一般以生产为目的，以满足植物生长发育的需要和经济实用为原则，外形简单、低矮，热能消耗较少，室内生产面积利用充分，有利于降低生产成本。

（2）根据建筑材料分类

根据建筑材料温室可分为土结构温室、木结构温室、钢结构温室、钢木混合结构温室、铝合金结构温室和钢铝混合结构温室等。土结构温室的墙壁、屋顶主要采用泥土构建，其他则采用木材支架，造价低廉，但仅限于北方冬季少雨季节使用。木结构温室的屋架及门商等均为木制，结构简单、造价低且使用年限较长，一般为15~20年。钢结构温室的柱、屋架、门窗均采用钢材制成，优点是遮光面小、能充分利用日光，便于建造大面积温室，缺点是易生锈、造价高、易热胀冷缩，使用年限一般为20~25年。钢木混合结构温室的中校、棍条、屋架为钢制，其他为木制，可相对降低成本。铝合金结构温室的材料全部为铝合金，为国际现代化温室的主要类型之一，优点是结构轻、强度大、适于建造大型温室，缺点是造价高。钢铝混合结构温室的柱、架为钢制，门窗等其他构件采用铝合金制成，其优点是造价较铝合金温室低且使用寿命较长，为现代化温室的理想类型。

（3）根据屋面覆盖材料分类

根据屋面覆盖材料的不同温室可分为玻璃温室和塑料温室。玻璃温室的采光面采用玻璃覆盖，玻璃一般较重而且易碎，但其透明度与使用年限成正比。塑料温室的采光面采用塑料薄膜覆盖，常作为临时性温室，一般造价较低，但易被污染且易老化，影响光照及使用年限，需要定期更换。现代化温室多采用玻璃钢覆盖。

2.温室的建造与规划

（1）温室设计的基本要求

温室设计的基本依据是栽培植物的生态要求，如室内温度、湿度、光照和水分等要最大限度地满足栽培植物的生态要求。因此，温室设计时应对计划栽植的各类园林植物的生长发育规律和它们在不同生长发育阶段对环境的要求要有深入的了解，并且充分结合当地的气候条件，运用建筑工程学等学科原理和技术，才能设计出结构良好、投资少、经济适用的温室。

（2）建造场地的选择

温室一般一次建造、多年使用，因此必须慎重选择场地。温室的建造一般要求向阳避风、地势高、排水良好、无污染，且要求水源丰富清洁、用电和交通方便的地形，有大风危害的地方还应考虑设置防风设施，以保证生产的正常进行。

（3）温室的排列

在进行规模化生产时，温室一般要求连片配置、集中管理，对于温室群的排列以及冷床、温床、阴棚等附属设备的设置应有全面的规划。规划时应首先考虑避免温室之间的相互遮阴，温室间的合理间距取决于温室的高度及各地的纬度。当温室为东西向延长时，南北两排温室间的距离通常为温室高度的 2 倍；当温室为南北向延长时，东西两排温室之间的距离通常为温室高度的 2/3；当温室高度不等时，一般高的温室应设置在北面，矮的温室设置在南面。同时，温室排列时还应考虑采光与通风。一般在高纬度地区宜采用东西向，温室坐北朝南；在低纬度地区宜采用南北向，有利于利用光能，充分利用土地资源。

（二）塑料大棚

塑料大棚是采用薄膜覆盖的简易栽培设施，一般造价低、搭设简便，适合于不甚耐寒园林植物的越冬栽培，在夏季还可拆掉薄膜作露地栽培场或覆盖遮光网作阴棚使用。

1.塑料大棚的规格和类型

塑料大棚的面积一般在 300m² 以上，宽 10~20m，长 30~50m，中高1.8~2.5m，边高 1.0~1.5m，目前多用角钢或圆钢焊接做骨架，并用螺栓连接在钢管或钢筋混凝土柱上，也可采用竹、木、铝合金或水泥架做骨架。

（1）根据屋顶形状分类

根据屋顶形状的不同可将塑料大棚分为拱圆形塑料大棚和屋脊形塑料大棚两种。其中拱圆形塑料大棚面积可大可小，可单栋也可连栋，搬迁方便，成本较低；屋脊形塑料大棚多为连栋式，且一般为固定式大棚，可长年使用。如图 12-1 所示。

（2）根据大棚结构分类

塑料大棚根据其结构可分为单栋式大棚和连栋式大棚，其建造及应用与温室相类似。

（3）根据骨架材料分类

塑料大棚根据建筑材料的不同可分为竹木结构、钢架混凝土柱结构、钢架结构、钢竹混合结构等。

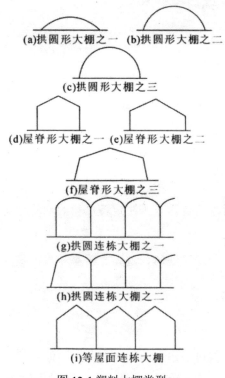

(a)拱圆形大棚之一 (b)拱圆形大棚之二

(c)拱圆形大棚之三

(d)屋脊形大棚之一 (e)屋脊形大棚之二

(f)屋脊形大棚之三

(g)拱圆连栋大棚之一

(h)拱圆连栋大棚之二

(i)等屋面连栋大棚

图 12-1 塑料大棚类型

2.塑料大棚的建造与覆盖

塑料大棚的建造与温室相类似，其塑料薄膜的覆盖方式主要包括以下几种：

（1）四块薄膜拼接四块薄膜拼接方便通风换气，主要由两块裙膜和两块棚膜构成，一般裙膜宽约 1.5m，先在其上部卷入一条绳子并焊接成筒，固定于大棚四周，覆盖在拱架或山墙立柱外侧的下部，下端埋入土中；棚膜上端用同样的方法，固定于大棚顶部，一般上端重合约 10cm，下端与裙膜重合约 30cm。

（2）三块薄膜拼接由两块裙膜和一块棚膜构成，拼接方法同上，适用于比较高的大棚。

（3）一块薄膜满盖适合于较小的拱棚，一般覆盖方便，但通风及管理不善。

二、保护地环境调控技术

（一）温度调节

1.加温

保护地栽培时既可以通过采用透光好的棚膜或玻璃来充分利用太阳辐射，也可采用烟道、暖气道、热风等方式进行人工加温。

2.保温

保护地栽培时主要依靠苇帘、棉帘、纸帘、无纺布等覆盖保温，可根据季节的变化与植物对温度的需求来决定覆盖和揭除的时间。

3.降温

保护地栽培时主要通过通风、遮光、喷雾和水帘降温系统来降温。

（二）光照调节

1.光照强度

保护地栽培时一般可应用遮阳网来削弱和降低光照强度，通过人工照明来补充光照强度。此外，在设施墙面涂白或北墙内侧设置反光幕、反射板、反射膜等也可以增加室内光照、改善温室内的光照分布，并提高气温和地温。

2.光照时数

保护地栽培时可通过人工补光或遮光的方式来延长或缩短光照时数，以满足园林植物生长与发育的需求。此外，还可利用人工光照或遮光来改变昼夜的时序，改变植物开花的时间，如昙花等。

3.光质

保护地栽培时一般通过选择不同的光源或择光膜来保证不同花卉在不同时期的光质要求。

（三）湿度调节

保护地栽培时可通过喷水、喷雾、二次覆盖的方法来增加空气温度，通过通风的方式来降低空气温度，通过灌溉的方式来增加土壤湿度。

第三节 园林植物的容器栽培

一、容器栽培基质及配置

（一）栽培基质

容器栽培基质又叫营养土、培养土、盆土或花土，是人工配制的、营养丰富、结构良好的人工基质。基质的肥力、保水性、排水性、透气性以及酸碱度等，都直接影响植物的生长发育，而盆栽容器的容量有限，限制了根系的伸展，影响了排水透气，对基质的要求更为严格，所以容器栽培时必须根据园林植物的特性，精心配制营养土，以满足盆栽植物的生长需求。

1.盆栽基质的基本要求

盆栽基质的基本要求可以概括为宜、洁、轻、易、廉五个字，只有这样的基质才有利于花卉的生长。"宜"是指选用的基质要适宜于植物的生长发育，必须具有良好的排水；保水、保肥和透气性能，以及适宜的酸碱度和营养条件等。"洁"是指选用的基质必须清洁卫生，不含病菌与害虫，也不能散发异味。"轻"是指基质的质量要轻，以便于盆花的更换搬动。"易"是指基质应该取材方便，容易配制。"廉"是指基质应该价格便宜，成本低，容易获得。

2.配制基质时常用的材料

（1）园土

园土是配制基质的主要原料，多采用壤土，最好是菜园土或种过豆科植物的土壤。园土一般肥力较高，结构良好，但在干旱时土表容易板结，其湿润透水性、透气性较差，所以不能单独使用，需要配合其他的疏松材料。

（2）腐叶土

腐叶土是配制基质最广泛使用的材料，主要由阔叶树的落叶堆积腐熟而成，包括天然腐叶土和人工腐叶土两种。天然腐叶土是在阔叶林下自然堆积的腐叶土，也称天然腐殖土，由枯枝落叶常年累计、分解而成，一般呈褐色、微酸性，富含腐殖质，松软透气，排水、保水性好，是植物栽培非常优良的材料。人工腐叶土是人工收集落叶后堆制而成的，一般需拌以少量的有机肥和水，与园土分层堆积，待其发酵腐熟、过筛消毒后即可使用。人工腐叶土一般需要经过一年以上的时间才能充分腐熟，形成的培养土含有丰富的腐殖质，土质疏松透气，排水良好，适合于栽种秋海棠、仙客来、大岩洞、天南星科观叶植物以及地生兰花、蕨类植物等。

（3）河沙

河沙质地疏松，有利于水分渗透和空气流通，以便于根部呼吸。河沙可单独用于仙人掌及多肉植物的栽培，也广泛用作扦插的基质，但在栽培其他园林植物时一般需要配合使用其他基质。栽培中最好使用颗粒直径在 1 — 2mm 的清洁河沙。

（二）栽培基质的配置

1.栽培基质的配置

容器栽培的基质应根据不同植物的要求，进行科学的选择和调制，以使其能更好地提供植物生长的条件。不同基质的理化性状也不同，单独使用一种基质时其性能难免不够全面，一般将多种基质混合使用，以充分发挥各种基质的优点，取长补短。园林植物对栽培基质总的要求是：既要有良好的保水、保肥、排水、透气性，还要酸碱度适宜。根据所选基质种类的不同，配制方法可分为无机复合基质、有机复合基质和无机－有机复合基质三大类。

（1）无机复合基质采用河沙、陶粒、蛭石、珍珠岩和炉渣等无机基质配制而成，一般不含有机质，肥力水平较低，但通透性好，无病菌袍子及有害虫卵，安全卫生，营养元素均衡，易于调整，实际应用较为广泛。如采用经石与珍珠岩为1：1的配比作扦插床基质，采用陶粒与珍珠岩为2：1的配比进行各种粗壮或肉质根系植物的栽植，采用炉渣与河沙为1：1的配比作扦插和栽培基质。

（2）有机复合基质采用泥炭、锯末、砻糠灰、泥炭土、粘土、沙土、壤土、园土、腐叶土、塘泥等基质配制而成，一般总体有机质含量高，多呈酸性反应，来源丰富，价格低廉，是园林植物栽培中应用较多的一类基质。如腐叶土、憨土、沙土及草炭为 4：3：2：1 的配比可用于杜鹃、茶花、含笑等的栽植；腐叶土、厩肥土及园土为 1：0.5：0.5 的配比可用于米兰、茉莉、金橘、栀子等的栽培；腐叶土、园土及河沙为 1：0.5：0.5 的配比可用于栽培肉质多浆植物；园土与草炭为 1：1 或园土与砻糠灰为 1：1 的配比可用作扦插基质。

（3）无机－有机复合基质采用有机基质和无机基质混合配制而成，一般综合性状优良，有机质含量适中，水汽比例协调，成本较为低廉，应用广泛。如泥炭、短石及珍珠岩为 2：1：1 的配比可用于观叶植物的栽培；泥炭与珍珠岩为 1：1 的配比可用作扦插基质或栽培大部分盆栽植物；泥炭与珍珠岩为 1：2 的配比可用作杜鹃等纤细根系花卉的栽植；泥炭与炉渣为 1：1 的配比可用于盆栽喜酸植物的栽植。

2.栽培基质的消毒

为了避免病虫害和杂草滋生，容器栽培的基质最好消毒后使用。其中珍珠岩、蛭石已经过高温消毒，一般不带菌；河沙一般也比较清洁，只需稍经冲洗即可；腐叶土、国土和泥炭土等常带有一些危害植物的细菌、真菌和虫卵，还有线虫、蜗牛之类的病虫，因此需要进行消毒；木屑等则需堆积发酵一段时间后，再进行消毒。基质消毒的目的是尽可能保存有益的微生物、杀灭有害的微生物与害虫，同时除去杂草种子。消毒的方法有烧土消毒、蒸汽消毒和药品消毒等，与苗圃地消毒相类似。

3.营养土的酸碱度与调节

每种园林植物均有生长所需的适宜酸碱度范围，配制好的容器栽培基质在使用之前一般还必须调节酸碱度。土壤的酸碱度一般采用 pH 试纸或酸度计测定，若偏酸可采用石灰粉、石膏和草木灰等混合中和，若偏碱则可采用硫黄粉、硫酸亚铁等混合中和。

二、容器栽培技术

容器栽培主要包括上盆、换盆的基本操作技术以及倒盆、转盆、松盆土、浇水和施肥等管理技术。

（一）上盆

将园林苗木栽植于容器中的过程叫做上盆。上盆一般在春秋两季进行，其步骤如下：

1.垫片

花苗上盆时一般先采用 2~3 块碎盆片盖在盆底排水孔洞的上方，搭成人字形或品字形，使盆土不能堵塞洞口，以保证多余水分的流出，防止涝害。对紫砂盆、瓷盆等还应在盖片上再加一些碎砖和碎瓦片，以便排水，并增加盆土的透气性。

2.加培养基质

添加培养基质时一般先加一层粗培养土，然后加上基肥，其上再铺上一层细培养土，避免园林植物的根与基肥直接接触，以防止肥害。

3.栽植

栽植时一般先将苗木立于盆中央，掌握好种植深度，一般根茎处距盆口沿约 2cm。栽植时一手扶苗，一手从四周加入细培养土，当加到半盆时，振动花盆并用手指轻压紧培养土，使根与土紧密结合后再加细培养土，直到距盆口约 4cm 处，再在面上稍加一层根培养土，以便浇水施肥，并防止板结。对于只有基生叶而无明显主茎的植株，上盆时应注意"上不理心、下不露根"。

4.养护

苗木上盆后应及时浇透水，并移至荫蔽处养护一周左右，待苗木生根成活后，再进行常规管理。

（二）换盆

随着盆栽植株的生长，当原来的花盆已经限制其生长，或是原有的基质养分已经消耗殆尽、盆土的理化性质变劣、植株根系部分腐烂老化时，需要将小盆换成同植株大小相称的大盆或是更换新盆土，将植株由小盆移换到另一个大盆中的操作过程，称为换盆。将盆栽的植株从盆中取出，经分株或换土后，再栽入盆中的过程，称为翻盆。一般苗木由小长大需要经过 2~3 次换盆才能定植于大盆中，多年生花木每年或每 2~3 年也要定期换盆并更新基质。盆栽换盆时一般依次由小号盆移栽到中号盆、大号盆中，或是从普通土盆移植到紫砂盆、带釉瓷盆等，具体方法如下：

1.换盆的时期

容器栽培必须选择好换盆时机，才能保证植株对新环境的适应，多数情况下换盆最好在休眠期进行，尽量避开开花期，其中以春季最佳；如果原来的花盆够大，则应尽量不要更换。

2.换盆次数

一般一、二年生花卉每年换盆 2~3 次，宿根花卉每年换盆 1 次，木本花卉每 2~3 年换盆 1 次。

3.换盆的程序

换盆的程序一般包括选盆、"退火"消毒、垫片、填底、控水收边、倒盆、切削与修剪根系、定植和养护等。

（1）选盆：应根据花木植株的大小选择相应口径的花盆。

（2）"退火"消毒：使用新盆前应"退火"、去碱，即在栽植前先放在清水中浸一昼夜，刷洗、晾干后再使用，以去其燥性；使用新盆前应先刷洗干净并进行杀菌、消毒，以杀灭其带有的病虫害。

（3）垫片与填底：同上盆。

（4）控水收边：换盆前对于原盆应暂停浇水 2~3 天，使盆土干缩"收边"，若迟迟不收边则可用花铲紧贴盆的内壁依次插一圈，使土与盆壁分开。

（5）脱盆：一般右手托花盆，左手拍打盆壁，使土团松动，再用左手拇指插入盆底孔洞，顶出土团，或将植株连同土团一起倒出来。

（6）切削与修剪根系：可先剥去植株土团表面褐色的网状老根，再用花铲或竹签削去或剔除土团面上的、周边的和底部的土，修剪去枯根和过长的根，兰花、君子兰等肉质根系的花卉还应采用竹签剔土，并在断根伤口沾草木灰或炭粉以防腐烂。

（7）定植：同上盆，对于不带土坨的花木，当加到一半土时可将苗轻轻向上悬提一下，然后一边加土一边把土轻轻压紧，直到距盆沿 2~3cm，但种植兰花时加土可以至盆口，以利于兰花生长。

（8）养护：植株换好盆后应一次浇透水，然后放置在室外荫蔽处养护半个月左右，等花木逐步恢复生机适应盆土环境后再进行正常护理。

第四节 园林植物的无土栽培

一、园林植物水培

水培是指定植后植物的根系直接与营养液接触的栽培方法，根据营养液层的深浅，可分为深液流水培和浅液流水培技术。水培的特点是管理方便，无须浇水，不必松土、除草、换土、施肥；水培植物清洁卫生、病虫害少等；栽培中，不仅能观赏植物的地上部分，还能观赏到植物根系；水培设施、营养液的配方和配置技术、自动化和计算机控制技术都比较完善。但一次性投资大，生产成本高。

（一）水培苗床的建立

园林植物的水培床要求不漏水，多采用混凝土做成或用砖砌成槽或他，一放宽 1.2~1.5m，长度视规模而定。水培床最好建成阶梯式，以利于水的流动，增加水中氧气的含量。水培床一般要求在床底铺设给水加温的电热线，并通过控制仪器控制水温。水培植物时，还需每天定期用水泵抽水循环，以保证水中的氧气充足。为了使植物的苗木保持稳定，还可在床底部放入洁净的沙、在苯乙烯泡沫塑料板上钻孔或在水面上架设网格进行固定。

（二）水培营养液的配制

园林植物水培以水作为介质，水中一般不含植物生长所需的营养元素，因此必须配制必要的营养液，以供植物生长所需。不同的植物其营养液的配方有所不同，针对不同植物进行营养液配方的选择是水培成功的关键。

1.养液的配制要求

水培营养液的配制要求包括以下几方面：①营养液必须营养全面，应含有园林植物所需的各种宏量元素和微量元素等，并且营养元素的种类、浓度及配比也应恰当，以保证植物的正常生长；②配制营养被应采用易于溶解的盐类，矿物质营养元素一般应控制在 4‰以内，并防止沉淀的产生；③营养液的 pH 值要满足栽培植物的要求，一般在 5.5~8.0 之间；④营养液一般为缓冲液，要求具有一定的缓冲能力，并需要及时测定和保持其 PH 值和营养水平；⑤水源要求清洁，不含杂质，一般以 10℃以下的软水为宜，若使用自来水则要进行处理，以防水中氯化物、硫化物和重碳酸盐等对植物造成伤害，一般应加入少量的乙二胺四乙酸钠或腐殖酸盐化合物来处理水中的氯化物和硫化物，但如果采用泥炭作栽培基质则可以消除以上缺点。

2.营养液的配制程序

营养液的配制程序有以下几个步骤：

（1）分别称取各种营养成分，置于干净容器、塑料薄膜袋内或平摊于塑料薄膜袋上待用。

（2）混合和溶解各营养成分时，应严格注意顺序，以免产生沉淀。营养液配制时一般将其浓缩配制为 A、B 两种储备液，A 液以钙盐为主，一般先用温水溶解硫酸亚铁，然后溶解硝酸钙，要求边加水边搅拌直至溶解均匀；B 液以磷酸盐为主，一般先用水溶解硫酸镁，再依次加入磷酸二氢铵和硝破钾，加水搅拌至完全溶解，硼酸则一般需要用温水溶解后再加入，然后分别加入其余的微量元素。

（3）使用营养液时，一般应先按比例取 A 液溶于水中，再按比例在此水中加入 B 液，混合均匀后即可使用。配制营养液时，一般忌用金属容器，更不能用金属容器来存放营养液，最好使用玻璃、搪瓷或陶瓷器皿。

二、园林植物的基质栽培

基质栽培是指采用非土壤的固体基质材料固定植物根系、吸附营养液和氧气，并通过浇灌营养液或补充固态肥和清水来供给植物所需水分和养分的栽培方式，是我国大部分地区最主要的无土栽培方式。基质栽培一般不需要特殊的供养设施，与水培相比设施简单，成本较低；而且由于基质有缓冲的作用，养分、水分等环境的变化较缓和，也不需要特殊的栽培技术，容易掌握。但是基质栽培需要大量基质材料，而且对基质的理化性质有一定要求，必须经过处理、消毒、更换等作业，相对比较费工。

（一）栽培基质的选择与使用

1.基质的选择标准

无土栽培所用基质的选择，各地可因地制宜，就地取材。其总体要求为：①具有良好的物理性状，结构和通气性良好，且不容易散碎；②具有较强的吸水和保水能力，一般基质颗粒越小，其表面积和孔隙度越大，保水性也就越好，但是也应避免使用过细的基质，否则通气不良；③价格低廉，来源丰富，且调制和配制简单；④无杂质，无病、虫、杂草危害，无异味和臭味；⑤有良好的化学性质，具有较好的缓冲能力和适宜的可溶性盐含量。

2.基质的种类

无土栽培的基质可分为无机基质和有机基质两大类，在栽培中应根据基质的特性和植物的生长需要来选择单独使用或混合使用，具体技术同容器栽培。无机基质如蛭石、岩棉、珍珠岩、沙砾、陶粒、炉渣及各种聚烯烃树脂等，一般所含营养成分比较少，需要补充成分较完全的营养液。有机基质如泥炭土、树皮、锯末、刨花、炭化稻壳、棉籽皮、甘蔗渣、酒糟、松树针叶、腐叶、椰子壳以及其他农副产品的下脚料等，一般具有一定的营养成分，可根据具体情况补充相应的营养。

（二）常用的园林植物基质栽培技术

园林植物基质栽培的常用技术包括钵培、槽培、袋培、岩棉培、沙培、立体栽培和有机生态型栽培等，其供水方式有滴灌、上方灌水和下方滴水等，但以滴灌最常用。

1.钵培

钵培是在花盆、塑料柄等容器中填充基质后栽培植物的方法。一般上部供应营养液，下部安装排液管，具体技术同容器栽培，如图 12-2 所示。

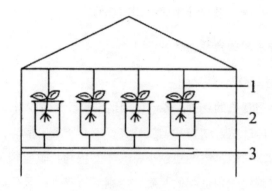

图 12-2 钵培

1-供液管；2-基质层；3-排液管

2.槽培

槽培是指将栽培用的固体基质装入一个种植槽中以栽培植物的方法。基质通常采用有机基质和容重较大的基质。种植槽则常用砖块或水泥来建造，可永久性使用，但也可以采用半永久性的木板槽、砖槽和竹板槽等。营养液一般结合滴灌进行补充，不能回收，属开放式供液法。

3.袋培

袋培是将基质装入特制的塑料袋中，在其上打孔栽培植物的方法。袋子通常选用抗紫外线、耐老化的聚乙烯薄膜制成。在光照较强的地方，选用白色袋为好，以利用其反射光照防止基质升温。在光照较少的地方或在室内，宜选用黑色袋，以利用其冬季吸热特性，保持袋中基质的温度。一般制成直径为30~35cm，长度为35~70cm的筒状开口栽培袋，袋内装基质后乎置于地面，其上开洞栽培植物，而且一般需要在袋的底部利两侧各开0.5~1.0 cm的孔洞2~3个，以排出积存营养液，防止沤根。也可采用立式袋培：将直径为15cm、长为2m的柱状基质袋直立悬挂，以上端供应管供液，在下端设置排液口，在基质袋四周打孔栽种植物。

第五节 屋顶花园植物的栽培

一、建造屋顶花园种植区

（一）屋顶花园的类型

屋顶花园的类型不同，其种植区的建造也各不相同。屋顶花园可根据不同的分类依据划分为多种类型，常见的分类方法如下：

1.根据用途分类

（1）公共游憩型屋顶花园

公共游憩型屋顶花园是国内外屋顶花园的主要形式之一，其主要用途是为工作和生活在该建筑物内的人们提供室外活动的场所。如著名的香港天台花园，国外的凯撒中心、奥克兰博物馆等。

（2）营利型屋顶花园

该屋顶花园大多建设于宾馆、饭店和酒店等场所，主要用于为顾客增设娱乐和休闲环境，具有设备复杂、功能多、投资大、档次高等特点。如上海的华亭宾馆、广东的东方宾馆、北京的长城饭店等，都设有屋顶花园。

（3）家庭型屋顶花园

该屋顶花园多见于阶梯式住宅或别墅式住所，主要用于房屋主人及其来宾的休息和娱乐场所，通常以养花种草为主，不设计园林小品等。

（4）科研型屋顶花园

该屋顶花园主要用于科研和生产，以园艺、园林植物的栽培繁殖试验为主。

2.根据建造形式和使用年限分类

（1）长久型屋顶花园

该屋顶花园一般在较大的屋顶空间进行直接的园林植物种植，可长期使用且不轻易变动。

（2）临时型屋顶花园

该屋顶花园也称容器型屋顶花园，是对屋顶空间进行简易的容器绿化，可以随时对绿化内容与形式进行调整。

此外，按照屋顶花园的营造内容与形式，还可以分为屋顶草坪、屋顶菜园、屋顶果园、屋顶稻田、屋顶花架、屋顶运动广场、屋顶盆栽盆景园和屋顶生态型园林等类型。

（二）屋顶花园的设计

1.屋顶花园的设计原则

屋顶花园营建的关键在于减轻屋顶荷载，改良种植环境，解决排水设施、屋顶结构和植物的种植等问题，设计时必须做到以下几点：

（1）以植物造景为主，把生态功能放在首位。

（2）确保营建屋顶花园所增加的荷重不超过建筑结构的承重能力，屋面防水构造能安全使用。

（3）屋顶花园相对于地面的公园、游园等绿地而言，面积较小，必须精心设计，才能取得较为理想的艺术效果。

（4）尽量降低造价，使屋顶花园得到更为广泛的应用。

2.屋顶结构设计

屋顶花园设计前，要对屋顶结构进行分析：①应了解屋顶的结构、每平方米的允许载重、屋顶排水和渗漏等情况，并进行精确核算，将花池、种植槽和花盆等重物设置于承重墙或承重柱上；②必须把安全放在首位，采取科学的态度，全面进行重量分析，将荷载控制在允许范围内。另外，屋顶绿化应具有良好的排水防水系统，周边也应设置防护围栏，以防止建筑物漏水和渗水，保证安全。

3.植物种植层结构设计

植物种植层是屋顶花园结构中最重要的组成部分，不仅工程量大、造价高，而且也决定着植物的生长好坏。因此在种植层结构上必须创造适合于植物生长的条件，而且还要受屋顶承重、排水和防水等条件的限制，一般由上至下包括土壤层、过滤层、排水层等。

二、屋顶花园植物的栽植技术

（一）屋顶花园植物的栽植

屋顶花园植物的栽植可直接栽植于种植区观赏，也可栽植于容器中再进行装饰，具体栽植技术同露地栽植或容器栽植。屋顶造园土层较薄且风力较大，易造成植物的"风倒"现象，一般宜选取适应性强、植株矮小、树冠紧凑、抗风不易倒伏的植物栽植于屋顶花园的背风处。另外，还应考虑周围建筑物对植物的遮挡以及对阳光的反射和聚光，一般在阴影区应配置耐阴或阴生植物，在聚光区注意防止植物的局部灼伤。

（二）屋顶花园植物的养护

屋顶花园建成后，为了充分发挥其应有的作用，应时刻关注植物的生长状况，当植物生长不良时应及时采取补救措施，并加强水肥管理，经常修剪，及时清理枯枝落叶，及时更新花草，同时注意排水，防止排水系统被堵。此外，屋顶一般风比较大，还需设风障保护，夏季也需要适当遮阳，以保证植物的正常生长。

第十三章 园林植物的养护管理

第一节 露地栽培园林植物的养护管理

一、园林植物养护管理的一般方法

（一）灌溉与排水

1.灌溉

水是植物各种器官的重要组成部分，是植物生长发育过程中必不可少的物质，园林植物和其他所有植物一样，整个生命过程都离不开水。因此依据不同的植物种类及其在一年中各个物候期的需水特点、气候特点和土壤的含水量等情况，采用适宜的水源进行适时适量灌溉，是植物正常生长发育的重要保证措施。

（1）灌溉时期

春季随着气温的升高，植物依次进入萌芽期、展叶期、抽枝期，即新梢迅速生长期，此时北方一些地区干旱少雨多风，及时灌溉显得相当重要，它不但能补充土壤中水分的不足，使植物地上部分与地下部分的水分保持平衡，也能防止春寒及晚霜对植物造成的伤害。夏季气温较高，植物生长正处于旺盛时期，开花、花芽分化、结幼果都会消耗大量的水分和养分，因此应结合植物生长阶段的特点及本地同期的降水量，决定是否进行灌溉。对于一些进行花芽分化的花灌木要适当扣水，以抑制枝叶生长，保证花芽的质量。秋季随气温的下降，植物的生长逐渐减慢，应控制浇水以促进植物组织的生长充实和枝梢的充分质化，防止秋后徒长和延长花期，加强抗寒锻炼。但对于结果植物，在果实膨大时，要加强灌溉。我国北方地区冬季严寒多风，为了防止植物受冻害或因植物过度失水而枯梢，在入冬前，即土壤冻结前应进行适当灌溉（俗称灌"冻水"）。随气温的下降土壤冻结，土壤中的水分结冰放出潜热从而使土壤温度、近地面的气温有所回升，植物的越冬能力也相应提高。

（2）灌溉量及灌溉次数

植物的类型、种类不同，灌溉量及灌溉次数不同。一、二年生草本花卉及一些球根花卉由于根系较浅，容易干旱，灌溉次数应较宿根花卉为多。木本植物的根系较发达，吸收土壤中水分的能力较强，灌溉的次数可少些。花灌木的灌水量和灌水次数要比一般乔木树种多。耐旱的植物如樟子松、腊梅、虎刺梅、仙人掌等的灌溉量及灌溉次数可少些，不耐旱的如垂柳、枫杨、蓝类、凤梨科等植物灌溉量及灌溉次数要适当增多。每次灌水深入土层的深度，应以植物的主要根系分布层深度作为依据，一般一、二年生草本花卉应达30~35cm，一般花灌木应达45cm，成年的乔木应达80~100cm。

植物栽植年限及生长发育时期的不同，灌溉量及灌溉次数也不同。一般刚栽种的植物应连续灌水三次，才能确保其成活。露地栽植的花卉类，一般移植后马上灌水，3天后灌第二次水，5~6天后灌第三次水，然后松土；若根系比较强大，土壤墒情较好，也可灌两次水，然后松土保墒；若苗木较弱，移植后恢复正常生长较慢，应在灌第三次水后10天左右灌第四次水，然后松土保墒，以后进行常规的水分管理。已成活的植物，春夏季植物生长旺盛期如枝梢迅速生长期、果实膨大期，如气候干燥，每月可浇水2~3次，阴雨或雨量充沛的天气可少浇或不浇；秋季减少浇水量，如遇天气干燥时，每月浇水1~2次。园林树木栽植后也要间隔5~6天连灌三次水，且三年内加强水分管理，花灌木应达5年。北方地区露地栽培的花木，在初春根系旺盛生长时、萌芽后开花前和开花后、花芽分化期、秋季根系再次旺盛生长时、入冬土壤封冻前都要进行灌溉。

二、园林树木树体的保护与修补的方法

树木的主干和骨干枝，往往会因病虫害、冻害、日灼、机械损伤等造成伤口。如不及时保护和修补，经过雨水的侵蚀和病菌的寄生，会导致内部腐烂成树洞。这样不仅影响了树体美观，而且影响了树木的正常生长。因此，应根据树干伤口的部位、轻重等采取不同的治疗和修补措施。

（一）枝干伤口的治疗

对于枝干上因病害、虫害、冻害、日灼或修剪等原因造成的伤口，首先应当用锋利的刀刮净削平四周，使皮层边缘成弧形，然后用药剂（2%~5%硫酸铜溶液、0.1%的升汞溶液或石硫合剂原液）消毒，再涂以保护剂。保护剂要求容易涂抹，站着性好，受热不融化，不远雨水，不腐蚀树体组织，同时又有防腐消毒的作用。如铅油、接蜡等；大量使用时，可用黏土和鲜牛粪加入少量的石硫合剂涂抹；若用激素涂剂对伤口的愈合更为有利，如用 0.01%~0.1%的 α-萘乙酸膏涂在伤口表面，可促进伤口愈合。

修剪造成的伤口，大伤口应将剪口削平然后涂以保护剂。

由于风使树木枝干折裂，应立即用绳索捆缚加固，然后涂保护剂。也可用两个半弧形的铁圈加固，树皮用棕麻绕垫，用螺栓连接。也可用螺栓旋入树干，起到连接和加紧的作用。

由于雷击使枝干受伤，应将烧伤部位锯除并涂保护剂。

（二）树洞的修补

因各种原因造成的树干上的伤口长久不愈合，长期外露的木质部受雨水浸透逐渐腐烂，形成树洞，使输导组织遭到破坏，影响了树体水分和养分的运输及储存，削弱了树木的生长势，降低了树干的机械强度，缩短了树体寿命。修补树洞的方法有以下三种：

1.开放法

此法是将洞内腐烂木质部彻底清除，刮去洞口边缘的死组织，直至露出新的组织为止，用药剂消毒并涂防护剂。同时改变洞形，以利排水，也可以

在树洞最下端插入排水口。防护剂每半年左右重涂一次。一般树洞不深时，采用此法；如果树洞很大，其洞形给人以奇特之感，欲留作观赏时也可采用此法。

2.封闭法

树洞经刮除消毒处理后，在洞口表面钉上板条，用油灰泥子封闭，再涂以白灰乳胶，用颜料粉面以增加美观。或在上面压上树皮花纹，或钉上一层真树皮。

3.填充法

树洞大，边材受损时，可采用实心填充。即在树洞内立一木桩或水泥柱作支撑物，其周围固定填充物，填充物从底部开始，每 20~25cm 为一层，用油毡隔开，略向外倾斜，以利于排水；填充物与洞壁之间距离为 5cm 为宜。然后灌入聚氨酯，使填充物与洞壁连成一体，再用聚硫密封剂封闭，外层用石灰、乳胶、颜色粉面涂抹。为了增加美观，富有真实感，还可在最外面粘贴一层树皮。填充物最好是水泥和小石砾的混合物。如无水泥，也可就地取材。

第二节 保护地栽培植物的养护管理

一、土壤管理

保护地栽培园林植物的种类繁多，它们对土壤的要求有很大差异；各地的土壤特性也不相同，保护地栽培时需要对土壤进行改良。无论是地栽还是盆栽，由于保护地生产的特殊性，最好使用培养土。若是保护地规模大，配制土壤有一定难度时，也应在园土的基础上，尽量按照培养土的要求进行改良。

（一）培养土的配制

各类园林植物适宜的培养土多种多样，不同生长期的同一种园林植物，对培养土要求也各不相同。定植用培养土要比繁殖用或幼苗期用培养土的腐殖质成分要求偏低一些。配制时一般用 4~5 份提供营养和有机质的成分，3~4 份园土和 1~2 份沙、煤渣或蛭石等。有的还依据需要添加硫酸亚铁以调节 pH 值，加入一些能消毒、增加排水通气性能的成分。在保护地面积较大时，地栽花卉常采用掺入部分沙或大量基肥的方法来改善土壤肥力和结构。

（二）酸碱度调节

当培养土或当地园土 pH 值达不到园林植物的生长要求时，常用人工的方法来调节。

1.降低培养土 pH 值的方法

（1）施用硫酸亚铁

盆栽植物用矾肥水的方法来解决 pH 值偏高的问题，具体的做法是：黑矾（硫酸亚铁）2.5~3kg，油粕或豆饼 5~6kg，粪肥 10~15kg，水 200~250kg 在缸或池内混合后暴晒约 20 多天，待腐熟为黑色液体稀释后结合施肥浇施。每天取其上演液一半稀释使用。一般的酸性植物生长季每月浇 4~5 次，休眠期停止使用，不同 pH 值要求的植物可适当增减。直接用硫酸亚铁水浇施时，浓度依植物种类而变化，一般用农用硫酸亚铁 1：（100~200）的水溶液浇灌。另外，酸性化肥或一部分无毒害的酸性盐可用于调节 pH 值，如硫酸铵、硫酸钾铝等。

（2）施用硫磺

施用硫磺适用于保护地内地栽园林植物，特点是降低 PH 值较少，但效果持续时间长，一般提前半年施硫磺粉 450kg / hm²，pH 值可从 8.0 降至 6.5 左右。盆栽培养土使用前半年，掺入硫磺粉 0.1％，栽培过程中适量浇 1：50 硫酸钾铝，并适量补充磷肥，可起到降低 pH 值的目的。

（3）施用腐肥

施用腐肥要长期多施，调节 pH 值幅度较小。

2.提高培养土 pH 值的方法

要提高培养土的 pH 值，采用施用石灰和石膏较多，也可用一些碱性肥料或无毒的碱性类化学物质，如硝酸钙等。在土壤管理方面，近年趋向于用蛭石、珍珠岩作栽培基质，用营养液提供营养物质的无土栽培法。

（三）培养土的消毒

培养基质的消毒方法常见的有物理方法如火焰消毒、蒸汽消毒、日光暴晒或直接加热；化学方法如使用福尔马林、高锰酸钾等。

二、施肥

保护地栽植的植物品质较高，需要不断地补充营养才能达到其生产要求。尤其是盆栽的花卉，生长在空间有限的基质中，更应补充营养。

（一）施肥方式

1.基肥

基肥是栽植前直接施入土壤中的肥料。结合培养土的配制或晚秋、早春上盆、换盆时施用。以有机肥为主，与长效化肥结合使用。主要有饼肥、牛粪、鸡粪等。基肥的施入量不要超过盆土总量的 20%，与培养土混匀施入。

2.追肥

追肥是园林植物生长发育进程中根据需要而施用的肥料。通常为沤制好的饼肥、油渣、无机化肥和微量元素肥料等。以速效肥为主，本着薄肥勤施的原则，分数次施用不同营养元素的肥料。生长期以氮肥为主，与磷、钾肥结合施用，花芽分化期和开花期适量施磷、钾肥。

追肥次数因品种而异。盆栽花卉中，施肥与潜水常结合进行，生长季中，每隔 3~5 天，水中加入少量肥料。宿根花卉和花木类可根据开花次数施肥，对一年开多次花的（如月季、香石竹等）花前花后都要施以重肥；生长缓慢的可两周施肥一次，有的可一个月施肥一次；球根类花卉如百合、郁金香等，应多施钾肥；观叶植物应多施氮肥，每隔 6~15 天施一次即可。

在温暖的生长时期施肥次数多些，保护地温度较低时适当减少施肥次数或停施。每次追肥后要立即浇水，并喷洒叶面，以防肥料污染叶面。

（二）施肥方法

1.混施

把土壤与肥料混均作培养土，是保护地内施基肥的主要方法，地栽与盆栽均可用此法。

2.撒施

把肥料撒于土面，浇水使肥料渗入土壤，此法肥料利用率较低，保护地内较少采用此方法。

3.穴施

以木本植物或植株较大的草花为主，在植株周围挖 3~4 个穴施入肥料，再埋土浇水。

4.条施

在保护地栽园林植物的垄间，挖条状浅沟，施入肥料，然后埋土浇水。

5.液施

把肥料配成一定浓度的液肥，浇在栽培的土壤中。通常有机肥的浓度不宜超过 5%，无机肥浓度不宜超过 0.3%，微量元素的浓度不宜超过 0.05%。

每周施肥一次，盆花用此法较多。

6.叶面喷施

当园林植物缺少某种元素，或为了补充根部吸收营养的不足，常以无机肥料或微量元素溶液喷洒在植物叶片上，以通过叶片的吸收来达到施肥的目的。但应注意浓度应控制在较低的范围内，一般为 0.1％~1％。

第三节 修剪与整形发的基本技能

一、准备和维护修剪工具

园林植物的种类不同，修剪的冠形各异，须选用相应功能的修剪工具。只有正确地选用工具，才能达到事半功倍的效果。常用的工具有修枝剪、园艺锯、梯及劳动保护用品。

（一）修枝剪

修枝剪又称枝剪，包括各种样式的圆口弹簧剪、绿篱长刃剪、高枝剪等。

传统的圆口弹簧剪由一片主动剪片和一片被动剪片组成，主动剪片的一侧为刀口，需要提前重点打磨；绿篱长刃剪适用于绿篱、球形树等规则式修剪；高枝剪适用于庭园孤立木、行道树等高干树的修剪（因枝条所处位置较高，用高校剪，可免于登高作业）。

（二）园艺锯

园艺锯的种类也很多，使用前通常须锉齿及扳芽（亦称开缝）。

对于较粗大的枝干，常用锯进行回缩或疏枝操作。为防止枝条的重力作用而造成枝干劈裂，常采用分步锯除。首先从枝干基部下方向上锯入枝粗的1/3左右，然后再从上方锯下。

（三）梯子

梯子主要用于登高以修剪高大树体的高位干、枝。在使用前要观察地面凹凸及软硬情况，放稳梯子以保证安全。

（四）劳动保护用品

劳动保护用品包括安全带、安全绳、安全帽、工作服、手套、胶鞋等。

二、修剪的方法

修剪的基本方法有截、疏、伤、变、放五种，实践中应根据修剪对象的实际情况灵活运用。

（一）截

截是将植物的一年生或多年生枝条的一部分剪去，以刺激剪口下的侧芽萌发。它是园林植物修剪整形最常用的方法。根据短剪的程度，可将其分为以下几种：

1.轻短剪

轻短剪时只剪去一年生枝的少量枝段，一般剪去枝条的 1/4~1/3，如在春秋梢的交界处（留盲节），或在秋梢上短剪。截后易形成较多的中、短枝，单枝生长较弱，能缓和树势，利于花芽分化。

2.中短剪

在春梢的中上部饱满芽处短剪，一般剪去枝条的 1/3~1/2。截后形成较多的中、长枝，成枝力强，生长势强，枝条加粗生长快，一般多用于各级骨干枝的延长枝或复壮枝。

3.重短剪

在春梢的中下部短剪，一般剪去枝条的 2/3~3/4。重短剪对局部的刺激大，对全树总生长量有影响，剪后萌发的侧枝少，由于植物体的营养供应较为集中，枝条的长势较旺，易形成花芽，一般多用于恢复生长势和改造徒长枝、竞争枝。

4.极重短剪

在春梢基部仅留 1~2 个不饱满的芽，其余剪去，此后萌发出 1~2 个弱枝，一般多用于处理竞争枝或降低枝位。

（二）疏

疏又称为疏剪或疏删，即把枝条从分枝点基部全部剪去。疏剪主要是通过疏去膛内的过密枝，减少树冠内枝条的数量，以调节枝条均匀分布，为树冠创造良好的通风透光条件，减少病虫害，增加同化作用的产物，使枝叶生长健壮，有利于花芽分化和开花结果。疏剪对植物的总生长量有削弱的作用，对局部的促进作用不如截，但如果只将植物的弱枝除掉，总的来说，对植物的长势将起到加强作用。

疏剪的对象主要是病虫枝、伤残枝、干枯枝、内膛过密枝、衰老下垂枝、重叠枝、并生枝、交叉枝及干扰植物形状的竞争枝、徒长枝、根蘖枝等。

三、处理枝条的剪口

若剪枝或截干造成剪口的创伤面大，应用锋利的刀削平伤口，并用硫酸铜溶液消毒，再涂保护剂，以防止伤口由于日晒雨淋、病菌入侵而腐烂。常用的保护剂有以下两种：

（一）保护蜡

保护蜡是用松香、黄蜡、动物油按 5：3：1 的比例熬制而成的。熬制时先将动物油放入锅中用温火加热，再加入松香和黄蜡，不断搅拌至全部熔化即可。由于其冷却后会凝固，涂抹前需要加热。

（二）豆油铜素剂

豆油铜素剂是用豆油、硫酸铜、熟石灰按 1：1：1 的比例制成的。配制时先将硫酸铜、熟石灰研磨成粉末状，将豆油倒入锅内煮至沸腾，再将硫酸铜与熟石灰粉末加入油中搅拌，冷却后即可使用。

第十四章 景观设计

第一节 景观设计的概念

景观（Landscape）一词原指"风景"、"景致"，最早出现于公元前的《旧约圣经》中，用以描写所罗门皇城耶路撒冷壮丽的景色。17 世纪，随着欧洲自然风景绘画的繁荣，景观成为专门的绘画术语，专指陆地风景画。

在现代，景观的概念更加宽泛：地理学家把它看成一个科学名词，定义为一种地表景象，生态学家把它定义为生态系统或生态系统的系统；旅游学家把它作为一种资源来研究；艺术家把它看成表现与再现的对象；建筑师把它看成建筑物的配景或背景；美化运动者和开发商则把它看成是城市的街景立面、园林中的绿化、小品和喷泉叠水等。因而一个更广泛而全面的定义是，景观是人类环境中一切视觉事物的总称，它可以是自然的，也可以是人为的。

英国规划师戈登·卡伦在《城市景观》一书中认为：景观是一门"相互关系的艺术"。也就是说，视觉事物之间构成的空间关系是一种景观艺术。比如一座建筑是建筑，两座建筑则是景观，它们之间的"相互关系"则是一种和谐、秩序与美。

景观作为人类视觉审美对象的定义，一直延续到现在，但定义背后的内涵和人们的市美态度则有了一些变化。从最早的"城市景色、风景"到"对理想居住环境的图绘"，再到"注重内在人的生活体验"。现在，我们把景观作为生态系统来研究，研究人与人、人与自然之间的关系。因此，景观既是自然景观，也是文化景观和生态景观。

景观艺术设计的形成和发展，是时代赋予的使命。城市的形成是人类改变自然景观、重新利用土地的结果。但在这一过程中，人类不尊重自然，肆意破坏地表、气流、水文、森林和植被。特别是工业革命以后，建成大量的道路、住宅、工厂和商业中心，使得许多城市变为由柏油、砖瓦、玻璃和钢筋水泥组成的大模，这些努力建立起来的城市已经离自然景观相去甚远。但随之人类也遭到了报复，因远离大自然而产生的心理压迫和精神桎梏、人满为患、城市热岛效应、空气污染、光污染、噪音污染、水环境污染等，这些都使人类的生存品质不断降低。

痛定思痛，人类在深刻反省中开始重新审视自身与自然的关系，提出 21 世纪面临的重大主题是"人居环境的可持续发展"。人类深切认识到景观艺术设计的目的不仅仅是美化环境，更重要的是，从根本上改善人的居住环境、维护生态平衡和保持可持续发展。

在我国，景观艺术设计是一门年轻的学科，但它有着广阔的发展前景。随着全国各地城镇建设速度的加快、人们环境意识的加强和对生活品质要求的提高，这一学科也越来越受到重视，其对社会进步所产生的影响也越来越广泛。

第二节 景观设计的特征

一、多元性

景观艺术设计是一门边缘性学科,其构成元素和涉及问题的综合性使它具有多元性的特点,这种多元性体现在与设计相关的自然因素、社会因素的复杂性以及设计目的、设计方法、实施技术等方面的多样性上。

与景观艺术设计有关的自然因素包括地形、水体、动植物、气候、光照等自然资源,分析并了解它们彼此之间的关系,对设计的实施非常关键。比如,不同的地形会影响景观的整体格局,不同的气候条件则会影响景观内栽植的植物种类。

社会环境也是造成景观艺术设计多元性的重要原因。景观艺术设计是一门艺术,但与纯艺术不同的是,它面临着更为复杂的社会问题和使用问题的挑战,因为现代景观艺术设计的服务对象是群体人众。现代信息社会的多元化交流以及社会科学的发展,使人们对景观的使用目的、空间开放程度和文化内涵的需求有着很大的不同,这些会在很大程度上影响景观的设计形式。为了满足不同年龄、不同受教育程度和不同职业的人对景观环境的感受力,景观艺术设计必然会呈现多元性的特点。

现代科技的发展使景观艺术设计的方法、实施的技术、表现的材料也越来越丰富,这不但增加了景观艺术设计的科技含量,也丰富了景观艺术的外在形式。如地理信息系统"GIS 技术"、虚拟现实"VR 技术"、遥感技术等现代科技的运用。

二、生态性

生态性是景观艺术设计的第二个特征。无论在怎样的环境中建造,景观都与自然发生着密切的联系,这就必然涉及景观与人类、自然的关系问题。

在外境问题路益突出的今天，生态性已引起景观设计师的重视。

美国宾夕法尼亚大学的景观建筑学教授麦克哈格就提出了"将景观作为一个包括地质、地形、水文、土地利用、植物、野生动物和气候等决定性要素相互联系的整体来看待"的观点。

把生态理念引入景观艺术设计中，就意味着：首先，设计要尊重物种多样性，减少对资源的掠夺，保持营养和水循环，维持植物环境和动物栖息地的质量；其次，尽可能地使用再生原料制成的材料，尽可能地将场地上的材料循环使用，最大限度地发挥材料的潜力，减少因生产、加工、运输树料而消耗的能源，减少施工中的废弃物；最后，要尊重地域文化，并且保留当地的文化特点。例如，生态原则的一个重要体现就是高效率地用水，减少水资源消耗，因此，景观设计项目就需考虑通过利用雨水来解决大部分的景观用水，甚至能够达到完全自给自足，从而实现对城市洁净水资源的零消耗。

景观艺术设计对生态的追求与对功能和形式的追求同样重要，有时甚至超越了后两者，占据了首要位置。从某种意义上来讲，景观艺术设计是人类生态系统的设计，是一种基于自然系统自我有机更新能力的再生设计。

三、时代性

景观艺术设计富有鲜明的时代特征，这主要体现在以下几个方面：

1.从过去注重视觉美感的中西方古典园林景观，到当今生态学思想的引入，景观艺术设计的思想和方法发生了很大变化，也大大影响甚至改变了景观的形象。现代景观艺术设计不再仅仅停留于"堆山置石"、"筑池理水"，而是上升到提高人们生存环境质量，促进人居环境可持续发展的层面上。

2.在古代，园林景观的设计多停留在花园设计的狭小天地，而今天，景观艺术设计介入到更为广泛的环境设计领域，它的范围包括：新城镇的景观总体规划、滨水景观带、公园、广场、居住区、校园、街道及街头绿地，甚至花坛的设计等等，几乎涵盖了所有的室外环境空间。

3.设计的服务对象也有了很大不同。古代园林景观是让皇亲国戚、官宦富绅等少数统治阶层享用，而今天的景观艺术设计则是面向大众、面向普通百姓，充分体现出一种人性化关怀。

4.随着现代科技的发展与进步，越来越多的先进施工技术被应用到景观中，人类突破了沙、石、水、木等天然、传统施工材料的限制，开始大量地使用塑料制品、光导纤维、合成金属等新型材料来制作景观作品。例如，塑料制品现在已被普遍地应用于公共雕塑、景观设施等方面，而各种聚合物则使轻质的、大跨度的室外遮蔽设计更加易于实现。施工材料和施工工艺的进步，大大增强了景观的艺术表现力，使现代景观更富生机与活力。

景观艺术设计是一个时代的写照，是当时社会、经济、文化的综合反映，这使得景观艺术设计带有明显的时代烙印。

第十五章 景观艺术设计的渊源与发展

第一节 中国景观艺术设计的产生与发展

我国古典园林的发展大致经历了四个时期，下面作具体介绍：

一、汉代以前的生成期

这一时期包括商、周、秦、汉，是园林产生和成长的幼年期。

在奴隶社会后期的商末周初，产生了中国园林的雏形，它是一种苑与台相结合的形式。苑是指圈定的一个自然区域，在里面放养众多野兽和鸟类。苑主要作为狩猎、采樵、游憩之用，有明显的人工猎场的性质。台是指园林里面的建筑物，是一种人工建造的高台，供观察天文气象和游憩眺望之用。公元前 11 世纪周文王筑灵台、灵沼、灵囿，这可以说是最早的皇家园林。

秦始皇灭诸侯统一全国后，在都城咸阳修建上林苑，苑中建有许多宫殿，最主要的一组宫殿建筑群是阿房宫。苑内森林覆盖，树木繁茂，成为当时最大的一座皇家园林。

在汉代，皇家园林是造园活动的主流形式，它继承了秦代皇家园林的传统，既保持其基本特点而又有所发展、充实。这一时期，帝苑的观赏内容明显增多，苑已成为具有居住、娱乐、休息等多种用途的综合性园林。汉武帝时扩建了上林苑，苑内修建了大量的宫、观、楼、台供游赏居住，并种植各种奇花异草，畜养各种珍禽异兽供帝王狩猎。汉武帝信方士之说，追求长生不老，在最大的宫殿建章宫内开凿太液池，池中堆筑"方丈"、"蓬莱"、"瀛洲"三岛来模仿东海神山，运用了模拟自然山水的造园方法和池中置岛的布局方式。从此以后，"一池三山"成为历来皇家园林的主要模式，一直沿袭到清代。

汉武帝以后，贵族、官僚、地主、商人广置田产，拥有大量奴婢，过着奢侈的生活，并出现了私家造园活动。这些私家园林规模宏大，楼台壮丽。茂陵富人袁广汉于北邙山下营建园林，"东西四里。南北五里激流水注其内。构石为山高十余丈。连延数里……奇兽怪禽委积其间。积沙为洲屿。激水为波潮……奇树异草靡不具植屋皆徘徊连属。重阁修廊。行之移暑不能遍也"（刘歆《西京杂记》）。

在西汉就出现了以大自然景观为师法的对象、人工山水和花草房屋相结合的造园风格，这些已具备中国风景式园林的特点，但尚处于比较原始、粗放的形态。在一些传世和出土的汉代画像砖、画像石和明器上面，我们能看到汉化园林形象的再现。

二、魏晋南北朝的转折期

魏晋南北朝是中国古典园林发展史上的转折期。造园活动普及于民间，园林的经营完全转向于以满足人们物质和精神享受为主，并升华到艺术创作的新境界。

魏晋之际，社会动荡不安，士族阶层深感生死无常、贵贱骤变，并受当时佛、道出世思想的影响，大都崇尚玄谈，寄情山水、讴歌自然景物和田园风光的诗文涌现于文坛，山水画也开始萌芽，这些都促使知识分子阶层对大自然的再认识，从审美角度去亲近它。相应地，人们对自然美的鉴赏取代了过去对自然所持的神秘、敬畏的态度，从而成为后来中国古典园林美学思想的核心。

当时的官僚士大夫虽身居堂庙，但热衷于游山玩水。为了达到避免跋涉之苦、又能长期拥有大自然山水风景的愿望，他们纷纷造园。门阀世族、文人、地主、商人竞相效仿，于是私家园林便应运而生。北魏人杨炫之在《洛阳伽蓝记》中记载了北魏首都洛阳当时的情形："于是帝族王侯，外戚公主，擅山海之富，居川林之饶，争修园宅，互相夸竞。崇门丰富，洞户连房；飞馆生风，重楼起雾。高台芳谢，家家而筑；花林曲池，园园而有。莫不桃李夏绿，竹柏冬青。"可见当时私家造园之盛。

三、唐宋的全盛期

唐宋时期的园林在魏晋南北朝所奠定的风景式园林艺术的基础上，随着封建经济、政治和文化的进一步发展而臻于全盛局面。

唐代的私家园林较之魏晋南北朝更为兴盛，普及面更广。当时首都长安城内的宅园几乎遍布各里坊，城南、城东近郊和远郊的"别业"、"山庄"亦不在少数，皇室贵戚的私园大都崇尚豪华，园林中少不了亭台楼阁、山池花木、盆景假山，"刻凤蟠螭凌桂邸，穿池叠石写蓬壶"（韦元旦《奉和幸安乐公主山庄应制》）。

这一时期，文人参与造园活动，促成了文人园林的兴起。这些文人造园家把儒、道、佛禅的哲理融会于造园思想中，使其园林创作格调清新淡雅，意境幽远丰富，这些都促使写意的创作手法进一步深化，为宋代文人园林的兴盛奠定了基础。

唐代的皇家园林规模宏大，这反映在园林的总体布局和局部的设计处理上。园林的建设趋于规范化，大体上形成了大内御苑、行宫御苑和离宫御苑的类别，体现了一种"皇家气派"。

在宋代，由于相对稳定的政治局面和农业手工业的发展，园林也在原有基础上渗入到地方城市和社会各阶层的生活中，上至帝王，下至庶民，无不大兴土木、广营园林。皇家园林、私家园林、寺庙园林、城市公共同林大量修建，其数里之多、分布之广，是宋代以前见所未见的。在这其中，私家造园活动最为突出，文人园林大为兴盛，文人雅士把自己的世界观和欣赏趣味在园林中集中表现，创造出一种简洁、雅致的造园风格，这种风格几乎涵盖了私家造园活动，同时还影响到皇家园林和寺庙园林。宋代苏州的沧浪亭（文人园），为现存最为悠久的一处苏州园林。

宋代的城市公共园林发展迅速，例如，西湖经南宋的继续开发，已成为当时的风景名胜游览地，建置在环湖一带的众多小园林中，既有私家园林又有皇家园林和寺庙园林，诸园各抱地势，借景湖山，人工与天然凝为一体。

唐代园林创作写实与写意相结合的手法，到南宋时大体已完成其向写意的转化。由于受禅宗哲理以及文人画写意画风的直接影响，园林呈现为"画化"的特征，景题、匾额的运用，又赋予园林以"诗化"的特征。它们不仅抽象地体现了园林的诗画情趣，同时也深化了园林的意境蕴涵，而这正是中国古典园林所追求的境界。

四、明清的成熟期

明清园林继承了唐宋的传统并经过长期安定局面下的持续发展，无论是造园艺术还是造园技术都达到了十分成熟的境地，代表了中国造园艺术的最高成就。和历史上的相比，明清时期的园林受诗文绘画的影响更深。不少文人画家同时也是造园家，而造园匠师也多能诗善画，因此造园的手法以写意创作为主导，这种写意风景园林所表达出来的艺术境界也最能体现当时文人所追求的"诗情画意"。这个时期的造园技艺已经成熟，丰富的造园经验经过不断积累，由文人或文人出身的造园家总结为理论著作刊行于世，这是前所未有的，如文人计成所著的《园冶》。

明清私家园林以江南地区宅园的水平最高，数量也多，主要集中在现在的南京、苏州、扬州、杭州一带。江南是明清时期经济最发达的地区，经济的发达促成地区文化水平的不断提高，这里文人辈出，文风之盛居于今国之首。江南一带风景绮丽、河道纵横、湖泊星罗棋布，盛产造园用的优质石料，民间的建筑技艺精湛，加之土地肥沃、气候温和湿润、树木花卉易于生长等，这些都为园林的发展提供了极有利的物质条件和得天独厚的自然环境。

清代皇家园林的建筑规模和艺术造诣都达到了历史上的高峰境地。乾隆皇帝六下江南，对当地私家园林的造园技艺倾慕不已，遂命画师临摹绘制，以作为皇家建园的参考，这在客观上使得皇家园林的造园技艺深受江南私家园林的影响。但皇家园林规模宏大，皇家气派浓郁，是绝对君权的集权政治的体现。清代皇家园林造园艺术的精华几乎都集中于大型园林，尤其是大型的离宫御苑，如堪称三大杰作的圆明园、清漪园（颐和园）、承德避暑山庄。

第二节 欧洲景观艺术设计的历史与发展

在欧洲三千年的景观发展史中，大致经历了六个代表时期：

一、古希腊时期

古希腊是欧洲文明的发源地，也被认为是欧洲景观的原动力。

古希腊虽由众多的城邦组成，却创造了统一的古希腊文化。古希腊人信奉多神教，为了祭祀活动的需要建造了很多庙宇，雅典卫城是当时最壮丽的景观。古希腊民主思想盛行，这促使了很多公共空间的产生，"圣林"就是其中之一。所谓"圣林"就是古希腊人在神庙外围种植的树木，他们把树木视为礼拜的对象。圣林既是祭祀的场所，又是举行祭奠活动时人们休息的、散步、聚会的地方，同时大片的林地也创造了良好的环境，衬托着神庙，增加其神圣的气氛。古希腊的竞技场是另一类重要的公共景观，竞技场地刚开始仅作为训练之用，是一些开阔的裸露地面，后来场地旁种了一些树木并逐渐发展成为大片树林，除了林荫道外还有祭坛、亭、柱廊及座椅等设施，它成为历来欧洲体育公园的前身。这一时期古希腊的宅园兴盛起来，不仅庭院的数量增多，而且向着装饰性和游乐性的庭院发展。

古希腊景观的类型多种多样，虽然当时都还处于较简单的初始状态，但仍可看成是后来欧洲景观的雏形。受当时数学、几何学的发展以及哲学家美学观点的影响，古希腊人认为美是有规律和秩序、合乎比例协调的整体，因此只有强调均衡稳定的规则式，才能确保美感的产生。所以当时的景观布局采用规则样式，可以说从古希腊开始就奠定了欧洲规则式景观的基础。

二、古罗马时期

古罗马人在接受古希腊文化的同时也继承并发展了古希腊的景观艺术。

古罗马景观中最具代表性的一种类型是庄园,庄园多建在城外或近郊,是古罗马贵族生活的一部分。庄园的近址大多外境优美、群山环绕、树木葱茏。园内花团锦簇,果树枝密,设计有水池、喷泉、雕塑等景点。庄园的建筑规模宏大、装饰豪华,有的贵族庄园的华丽程度可与东方王侯的宫苑媲美。

古罗马的宅园与古希腊宅园十分相似,它的景观植物大多从古希腊引入。公元前79年,古罗马的庞贝城由于维苏威火山的爆发而被埋在火山灰下。18世纪时的发掘,使我们能够看到古罗马宅园的真实面貌:宅园一般有列柱廊式中厅,中厅面积不是很大,但有水池、水渠、喷泉、雕塑等,加上花木草地的点缀,创造出清凉宜人的生活环境。受古希腊景观艺术的影响,古希腊的景观艺术一般都体现出井然有序的人工美:园内装饰着水池、水渠、喷泉等;直线形或放射形的园路,两边是整齐的行道树;还有几何形的花坛花池,修剪整齐的绿篱以及葡萄架、菜圃等。此外,古罗马人很重视对植物造型的运用,他们创造了一种植物雕塑的手法,即把植物修剪成各种几何形体、文字、图案甚至一些复杂的动物形象等,这种手法在现代景观艺术设计中还经常运用。古罗马景观艺术在历史上有很高的成就,它融合了古希腊景观艺术和西亚景观艺术的风格,涉及的范围更广,对后世欧洲景观设计的影响也更直接。

三、中世纪时期

中世纪是指欧洲历史上从5世纪罗马帝国的瓦解到14世纪文艺复兴时期开始前的这一段时间,历时大约1000年。这个时期社会动荡不安,人们纷纷从宗教中寻求慰藉,基督教因而势力大增,而政权划却分散独立。教会极力宣扬禁欲主义,并且只保存和利用与其宗教信仰相符合的古典文化,而对那些更为人性化和世俗化的文化却加以打击。因此,中世纪的文明主要是基督教文明,同时也有古希腊、古罗马文明的残余。

由于受中世纪的政治、经济、文化、艺术及美学思想非常明显的影响,这一时期的景观艺术没有很大的发展。当时只有两种景观类型:以实用性为主的教堂庭院和简朴的城堡庭院。教堂庭院的主要组成部分是教堂、僧侣住房和房屋围绕着中厅庭。城堡庭院是王公贵族田园牧歌式的场所,它的位置已扩大到城堡周围，但还是与城堡保持着直接的联系。

四、文艺复兴时期

文艺复兴是 14 至 16 世纪欧洲新兴资产阶级的思想文化运动，开始于意大利的佛罗伦萨，后扩大到法国、英国、德国、荷兰等欧洲国家。文艺复兴使欧洲从此摆脱了中世纪封建制度和教会神权统治的束缚，生产力和文化得到了解放。人们开始重新审视古希腊和古罗马留下的文化遗产，也注意到了自然界所具有的蓬勃生机，文艺复兴让人们迎来了欧洲景观艺术的新时代。

庄园是这一时期最主要的景观类型，尤以意大利庄园为代表。文艺复兴使意大利人希望重现古罗马辉煌的文明，这也为意大利景观设计赋予了新的活力。艺术上的古典主义，成为景观设计创作的指南。意大利庄园多建在郊外的山坡上，依山势辟成若干台层，形成独具特色的台地园。庄园布局严谨，有明确的中轴线贯穿全园，并联系各个台层使之成为统一的整体。中轴线上有水池、喷泉、雕像、坡道等，水景造型丰富、动静结合、趣味性强。庄园的植物造型复杂，绿篱的修剪达到了登峰造极的程度。这些绿色雕塑比比皆是，点缀在园地或道路的交叉点上，替代了建筑材料而起着墙壁、栏杆的作用。法国景观艺术受意大利的影响，也创造出一些成功的作品。但直到 17 世纪下半叶"勒·诺特式"景观的出现，才标志着法国景观艺术的成熟和真正的古典主义景观时代的到来。

五、17 世纪的法国

17 世纪的法国在经济。政治、文化上进入了一个全盛时期，在绝对的君权专制的统治下，古典主义文化成为法国文化艺术的主流，古典主义的戏剧、美学、绘画、雕塑、建筑、景观设计等都取得了辉煌的成就。这一时期对后世景观艺术影响最大的当数法国"勒·诺特式"造景风格。

"勒·诺特式"景观的主要特征有：庭院的平面布局主从分明、秩序严谨，呈铺展式延伸，普遍使用宽阔的大草地，庭院与自然直接相连，是大自然中经过特别修剪的一部分；庭院的纵横轴线灵活运用，纵轴本身也是水渠、草坪、林荫道；庭园中的建筑位于中轴线上，通常在地形的最高处，与水渠、喷泉、雕塑、花坛一样只是造景的要素之一；水景的设计非常丰富，动静结合，有水渠、水池、喷泉、叠水、瀑布等，特别是运河的运用，成为"勒·诺特式"景观中不可缺少的组成部分；庭院多选用温带植物，树木通常修剪成几何形体，形成整齐的外观，布置在府邸近旁的刺绣花坛在庭院中起着举足轻重的作用。

六、18世纪的英国

18世纪英国自然式风景庭园的出现，改变了欧洲由规则式景观统治的长达千年的历史，这是欧洲景观史上一场极为深刻的革命。风景式庭园的产生与英国当时的社会文化背景和地理条件有效。18世纪时，工业革命和早期城市化造成了城市中人口密集、与自然完全隔绝的单一环境，这引起了一些社会学家的关注。在文化领域，受美学思潮的影响，兴起了尊重自然的观念，人们发现，自然风景比规则的几何形更能打动人，他们将规则式景观看成是对自然的扭曲，这种审美观的改变直接影响到景观设计的风格。另外，英国的地形多为起伏的丘陵，这为其达到法国景观宏伟大气的效果增加了难度。因此，英国的景观艺术设计虽受"勒·诺特式"景观的影响，但程度要明显小于其他国家。这一时期中国园林被介绍到欧洲（尤其是英国），英国人怀着对中国园林的赞美与憧憬，在景观艺术设计中表现出一种对中国古典园林效仿的倾向，这也在一定程度上促进了英国风景式庭园的形成。

英国风景式庭园尽量利用森林、河流和牧场，将庭园的范围无限扩大，庭园周围的边界也完全取消，仅仅是掘沟为界。庭院的设计模仿自然，国内出现大面积的缓坡草地、不规则的水体和流畅平缓的蛇行园路，按自然式分布单株和丛植的树木，尽量避免人工雕琢的痕迹。英国风景式庭园的设计风格影响到法国、德国、意大利、俄罗斯等国，各国竞相效仿并在此基础上又有所发展，此后欧洲的景观艺术设计呈多元化倾向。

第三节 美国现代景观艺术设计

美国是现代景观艺术设计的发源地，有着世界上最完善的教学体系和占世界总数一半的设计师，在这个领域，美国一直走在世界的最前列。

早期的美国景观艺术深受英国自然式风景庭园的影响，其形式和材料完全抄袭英国的模式。当时的风景园几乎都是贵族富商专有的私人花园，只能让少数特权阶层欣赏，并非公众使用。而美国气候温和，民主制度发达，人们户外生活丰富，因此需要有更多的供大众市民娱乐活动的场所，这为现代城市公园的出现提供了契机。

真正对大型城市公共景观的出现起到推波助澜作用的人是唐宁——现代景观发展史上一位举足轻重的人物。唐宁集造园师和建筑师于一身，写了许多有关园林的著作，其中最为著名的是 1841 年出版的《论风景园的理论与实践》。唐宁生活在美国历史上城镇人口增长最快的时期，他认识到了城市开放空间的必要性，并倡议在美国建立公园。1850 年，唐宁负责规划华盛顿公园，这是美国历史上首座大型公园，建成后成为全国各地效仿的典范，唐宁因此获得了"美国公园之父"的称号。

继承并发展了唐宁思想的是另一位杰出人物——被誉为"现代景观设计之父"的奥姆斯特德。奥姆斯特德是一位充满传奇色彩的人物，他 15 岁时因漆树中毒而视力受损，无法进入耶鲁大学学习，但在此后的 20 年里，他广泛游历，访问了许多公园和私人庄园，甚至来中国旅行过一年。1854 年奥姆斯特德与英国人沃克斯合作，以"绿草地"为主题赢得了纽约中央公园设计方案竞赛大奖，后来出任中央公园的首席设计师，负责公园的建设。

奥姆斯特德预见到，由于移民成倍增长，城市人口急剧膨胀，必然会加速城市化的进程，城市绿化日益显示出其重要性。而建造大型公园可以使居民享受到城市中的自然空间，公园的绿地如同城市"绿肺"，是改善城市环境的重要手段。因此中央公园在设计时就确立了要以优美的自然景色为特征的原则，园内保留了不少原有的地貌和植被，树木繁盛，一百多年后，园内的许多地方跟原始森林一样。

奥姆斯特德同时还提出，公园的设计要强调居民的使用性，要满足社会各阶层人们的娱乐要求，并在规划上应考虑管理的需要和交通方便等，他的设计思想对今天的公园规划仍具有重要的指导意义。中央公园1860年开始建造，在经历一个半世纪的风风雨雨之后，直到今天它仍然被视为现代公园规划最杰出的作品之一。

奥姆斯特德的理论实践活动推动了美国自然式风景园运动的发展，受奥姆斯特德影响，从19世纪末开始，自然式设计的研究向两方面深入：其一，依附城市的自然脉络——水系和山体，通过开放空间系统的设计将自然引入城市；其二，建立自然景观分类系统作为自然式设计的形式参照系。

1858年，"景观设计师"的称谓首次由奥姆斯特德提出，并在1863年被正式作为职业称号，这个称号有别于当时盛行的风景园林师，前者是对后者职业内涵和外延的一次意义深远的扩充和革新。国外媒体这样评价奥姆斯特德："几乎没有另外一个人可以与弗雷德利克·奥姆斯特德在美国现代景观发展中的地位相媲美，作为'现代景观设计之父'的奥姆斯特德，不仅开创了现代景观设计作为美国文化重要组成部分的先河，而且也第一次使景观设计师在社会上的影响和声誉达到了空前的高度。他留给后人的无穷财富不仅仅是那些永远都会被人类津津乐道的设计作用，更重要的是他用罕见而深邃的目光和精辟久远的见解把景观设计发展成为一门现代的综合学科，并且最终得到社会的认可。"

第十六章 景观的构成要素

景观构成要素，可分为自然景观要素和人工景观要素，自然景观要素，包括：气候、天象、土壤、水分、地形地貌、动物、植物等；人工景观要素，包括：建筑物、构筑物、道路、广场、雕塑、小品、照明等。

第一节 地形

不同地形形成的景观特征主要有四种：高大巍峨的山地、起伏和缓的丘陵、广阳平坦的平原、周高中低的盆地。

山地的景观特征突出，表现在以下几方面：

1.划分空间，形成不同景区。

2.形成景观制高点，控制全局，居高临下，美景可尽收眼底。

3.凭借山景。山，或雄伟高耸，或陡峭险峻，或沟谷幽深；或作背景，或作主景，都可借以丰富景观层次。

4.山的意境美。例如，我国的古典园林"一池三山"的格局，源自传说中的蓬莱三仙岛，是人们对仙境的向往。

第二节 水体

水的波光、姿色、动静、声响与光影为景观增添无穷魅力。水体，或呈线状，如：溪、沟、泉、涧等；或呈面状，如：池、湖、湾等。

一、水态

1.因压力而出的喷水，如喷泉、涌泉、喷雾等。喷泉常见水流的形式有：点、滴、串的射流，柱形，蒲公英形，喇叭花形，孔雀开屏式，半球形，摇摆和旋转式，间歇式，无级变速曲线状等。

2.因重力和高度变化形成的跌水，如瀑布、飞涧、水帘、水幕等，激流勇进，激起千堆雪，蔚为壮观。

3.因重力形成的流水，如溪流、江河、漩涡等。

4.静态的水，如池水、湖、湾等。

水与建筑、山石结合，相互映衬，形成动静、刚柔、虚实的对比。

二、水色

澄清透明的水，会鼓出白色的泡沫、水雾。水雾在阳光下会呈现出瑰丽的彩虹。自然水体、会因其成分、微生物、含氧量的变化，水色变换，四季不同，呈现出"春水蓝、夏水绿、秋水青、冬水黑"的景象。人工水体还会因灯光、染剂等呈现出各种颜色。

第三节 植物

一、植物的作用

1.生态作用：净化空气和水、防风固沙、保持水土、改善局部气候、隔音、防尘、杀菌、制造氧气、为动物提供栖息地，使环境重归鸟语花香的自然氛围。

2.景观作用：围合、分隔空间，还可以利用植物的形态、线条、色彩、质地构图，通过植物季相及生命变化，组成时令景观，丰富景观的空间和时间层次，增添景观的生机和田园野趣。另外，乡土植物代表一定的地域文化和风情，如日本的樱花、荷兰的郁金香、加拿大的红枫等。

3.使用作用：遮阳防晒，提供游憩娱乐场所，令人们陶醉、心情舒畅。

二、植物配置

按植物生态习性和景观布局要求，合理配置乔木、灌木、花卉、草皮和地被植物等，发挥其景观功能和特性。一般须注意两方面内容：

1.植物间的配置关系，考虑植物种类的选择，树丛的组合，平面和立面的构图、色彩、季相及景观的意境。

2.植物与其他景观要素之间的配置关系，如植物与山石、水体、建筑、道路等的相互关系。

第四节 建筑

建筑的景观作用如下：

建筑可居、可游、可望、可行于其中，满足多种功能要求，有突出的景观作用。建筑的景观作用主要表现在以下几个方面：

1.点景：建筑常成为景观的构图中心，控制全局，起画龙点睛的作用。尤其滨水建筑更有"凌空、架轻、通透、精巧"等的特点。

2.赏景：亭、台、楼、阁、塔、榭、舫等建筑，以静观为主；廊、桥等建筑，曲折前行，步移景易，以动观为主。

3.组织路线：建筑可以引导人们的视线，成为起承转合的过渡空间。

4.划分空间：建筑可以围合庭院，组织并分隔空间层次。

第五节 道路与广场

道路与广场，引导交通，联系景区，组织景点，其铺装、线形和色彩是景观的一部分。路因景成，景观路线的布局如同无声的导游，串联分散的景点，向人们展开一幅幅画面；路线伸展，网络交织，则如故事的情节，或急或缓，或粗犷豪放，或精致细腻，或酣畅舒展，或迂回婉转，一吟三叹，波澜起伏。

一、道路的主要类型

1.城市道路：高速公路、高架路、景观大道、步行街等。

2.景区主要道路：联系各景区，需考虑双向的游览人流和车流通行、消防、生产等通行要求，一般宽 7~8m。

3.景区次要道路：沟通各景点，需满足单向的游览人流和车流交通、消防、生产等通行要求，一般宽 3~4m。

4.景区休闲小径、健康步道：双人通行为 1.2~1.5m，单人通行为 0.6~1m；卵石路面的健康步道可按摩足底穴位达到健身目的。

5.景区林荫道、滨江道和各种广场。

二、道路的主要形式

1.自然式：曲线自由，迂回蜿蜒，延长游览路线，使咫尺山林，小中见大，妙趣横生，提高土地利用率。在道路转折或地势起伏升降处，布置山石、树木、座椅、亭台和广场等，使"三步一弯、五步一曲"，曲直相济，高低错落，生动多变，游人徜徉其间，或停或行，各得其所。

2.规则式：规则直线或几何曲线，容易形成构图的节奏韵律感。

三、道路设计需注意的问题

1.避免多路交叉，方向复杂，导向性不强。尽量垂直相交。避免过小的锐角，车辆不易转弯，人行不便，易横穿绿地。

2.利用路宽、铺装等，使道路主次分明。

3.有景可循：路与景相通，因景设路；景点的错落布置，可使游人步移景易。道路交叉口，尤其三岔口，可利用标志性景观，引导人流。"路因景曲，境因曲深"，路随地形和景物而起伏曲折，若隐若现，呈现"山重水复疑无路，柳暗花明又一村"的情趣，以丰富景观，延长游览路线，增加景深层次，活跃空间气氛。

4.道路坡度：应按通行的不同车辆满足以下要求，自行车事≤8%，汽车≤15%。人行坡度≥10%时，需设台阶。山路坡度≥6%时，应顺等高线作盘山路迂回曲折，增加景点和观赏角度。

5.回环性：游人从任一条路出发都能游遍所有景点，不走回头路。

6.疏密适度：路网的疏密同景观的规模、性质有关，道路约占总面积的10%~12%，动物园、植物园或小游园内，路网密度可稍大，但不宜超过25%。

7.多样性：路的形式多种多样，可以是人流集聚处或庭院内的场地，可以是林间花径或草坪中的步石与休息岛，可以是"廊"，可以是盘山道、蹬道、石级、岩洞，可以是水中的桥、堤、汀步等。路，或简或繁、或收或放、或曲或直，或体态丰富、或情趣盎然，引入入胜。

第十七章 景观空间

第一节 景观空间意识

一、景观空间的定义与构成

空间一般分外部空间、内部空间；景观空间是属于外部空间，指人的视线范围内由树木花草（植物）、地形、建筑、山石、水体、小品和道路铺装等组成的景观区域，包括平面布局、立面构图。景观空间可分为自然空间和目的空间。目的空间与人们的意图有关，既可以有内在秩序（如围合、封闭等），也可以有外在秩序（如开敞或半开敞等）。

人的双眼视野范围是景观空间设计的依据之一，其水平视角约 50°~150°，最佳水平视域在 60°夹角左右；垂直视角约 20°~60°。垂直方向的最佳视角一般不大于 45°，即人与观察对象的距离至少要等于对象的高度，才能获得真实、完整的景观空间印象。

二、景观空间的构成影响因素

1.植物、建筑、地形等空间围合体的高度。

2.视点到空间围合体的水平宽度。

3.空间内若干视点的大致均匀度。一般，宽高比越大，空间越开敞；宽高比越小，封闭感越强。

景观空间的不同宽高比会产生不同效果，如下表（表 17-1）所示：

景观空间设计须考虑人对不同的颜色视野范围的差异，白色最大，视角达 90°，黄色、蓝色、红色、绿色等色依次递减。不同颜色的使用，还会造成空间远近、大小、开敞与收敛等的不同效果。

表 17-1

感受	视角（度）	宽高比	空间效果	实际应用
封闭	>45	≈1	尺度小，视距短，宜作为动态过渡性空间或静态空间使用，隔离性、私密性强，亲切、宁静	以建筑为主的天井花园、里弄等，四周的围墙和建筑高于视线
半开敞	18~45	2~3	借助地形、山石、小品与植物等园林要素形成封闭面，阻隔视线，有抑扬、收放	以植物、地形、建筑围合的庭院空间，空间从开敞到封闭过渡
开敞	≤18	3~8	空间范围大、四周开敞，外向、视野辽阔，视线通透，无私密性	开放式绿地、城市公园等，以地形、低矮树木、草坪、开阔水面等围合为主

三、不同空间形状的心理效应

空间的不同形状会产生不同的心理效应，如 17-2 所示：

表 17-2 空间的不同形状会产生不同的心理效应

平面		心理效应
规则	正方形、正六角形、正八角形、圆形、半圆形等平面空间	其空间形体明确、肯定，有包围、向心或放射感，无方向性，这类空间稳定、严肃而庄重，可作为空间序列的停顿或结束
	矩形平面空间	有导向性
	三角形平面空间	会造成透视错觉，有近端感和压迫感
不规则	自由曲面、螺旋形或比较复杂的矩形组合等平面空间	自然、活泼、无拘无束，有动感或延伸感

四、空间的大小、高矮也有不同的心理效应

表 17-3 空间的大小、高矮也有不同的心理效应

特征	心理效应	特征	心理效应
大空间	气魄、自由、舒展、开朗	空间过大	空旷、自卑、渺小、孤独
小空间	亲切、围合感强、富于私密性	空间过小	局促、憋闷
高空间	崇高、隆重、神圣、向上升腾	高度过高	有恐怖感
低空间	尺度近人、舒适、安全	高度过低	有压抑感

第二节 景观空间围合

一、以地形为主构成的空间

不同地形能给人不同的感受，如表 17-4：

表 17-4 不同地形能给人不同的感受

地形	给人的感受
平坦或起伏平缓	没有空间限制，轻松、舒展和柔美
斜坡，崎岖	限制并封闭空间，使人兴奋和新奇
凸地	视野的外向性
凹地	空间内向和不受外界干扰，有分割感、封闭感和秘密感

地形可以通过添土挖方等多种不同方式构筑凹凸地形、平台或坡地，创造和限制空间。

地形通过其面积、坡度、地平轮廓线影响景观的空间感，如：底面积不变，利用坡度扣地平轮廓线的变化，可构成线形流动的谷地或静态盆地空间。在满足其使用功能、观景要求的基础上，以利用原有地形为主、改造为辅，就低挖池，就高堆山，掇山置石，凿壁叠洞，山水结合，山间有水，水畔有山，增加景观，限制或丰富空间。

空间宜利用自然坡度完成地表排水、导流等功能，

地面竖向设计分：平坡式、台阶式、混合式，如表 17-5 所示：

表 17-5 地面竖向设计分

起坡方式	适用场地类型
平坡式	自然地形坡度小于 3%
台阶式	大于 8% 或场地长度超过 500 米
混合式：平坡与台阶两种形式结合	自然地形坡度：3%~8%

二、以植物为主围合空间

利用植物限制、构成、组织景观空间，具有观赏性。高大的树墙可围合出相对完整的院落空间，低矮的灌木和草坪虽不能屏障视线，但可用以暗示空间范围的不同。树木的间距一般控制在 3~6 米，如果间距超过 9 米，树冠间的联系松散，会削弱围合效果。

借助植物限制空间，可塑造出独具特色的空间形式，选择性地引导和阻止空间序列的视线，有效地"缩小"空间和"扩大"空间，创造出丰富多彩的相互联系的空间序列。

三、以建筑为主围合庭院空间

以亭、台、楼、阁、轩、榭、院墙等建筑物围合的空间，可形成封闭、半开敞、开敞、垂直、覆盖空间等不同的空间形式。多以水体为构图主体，植物处于从属地位，用山石、花木、门窗等联系、转换、过渡空间。另外，以建筑为主的庭院空间，常与室内园景结合，相互渗透、穿插对比，扩大丰富空间层次。

四、植物、地形、建筑相互配合共同构成景观空间

植物和地形结合，可强调、也可淡化地形变化形成的空间。建筑与植物配合，能丰富和改变空间感，形成多变的空间轮廓。三者共同配合，既可软化建筑的硬直轮廓，又能提供丰富的空间层次。在园林中的山顶建亭阁可形成高视点景观，在山脚建廊榭，形成高低结合丰富完整的景观体系。

第三节 景观空间类型

1.固定空间和可变空间。固定空间：其功能明确、位置固定、界面不变，由建筑结构最基本的墙面和地面等围合空间。可变空间：能适应不同的使用需求而改变其空间形式，常用灵活可变的分隔，如：可以移动的盆栽植物、花架、篱笆、活动墙、活动棚等隔断限定空间。

2.静态空间和动态空间。静态空间：满足人们心理上对"静"的需求。空间形式稳定，限定性、私密性较强，常用对称、垂直或水平的界面，多为封闭型的尽端空间，构成平缓而单一，清晰明确，一目了然。动态空间：即流动空间，满足人们心理上对"动"的需求，界面常用不稳定、不规则的富于变化的斜线、斜面、曲线、曲面、锯齿形和其他怪异形状，形成连续的丰富变化，导向性强。富节奏感和动感，空间新颖、自由、开敞。动态空间的常用手法有：光影变幻，生动的背景音乐；强烈的对比，动感线条；空间灵活，多向路径；引入方向明确的流动空间；活动的人与活动的设施，一起增添动感特征。

3.肯定空间和模糊空间。肯定空间：界限清晰，范围明确，领域感、私密性强，常为封闭空间；模糊空间：即灰空间，空间界线模糊，性质常介于两者之间，亦此亦彼，如：室内、室外，开敞、封闭，自然空间与人工空间的转换等，常用于空间的引导、过渡和连接。模糊空间作为景观因素，可以丰富景观层次与深度，增加景观空间体验，产生强烈的虚实对比。

4.虚拟空间和虚幻空间。虚拟空间：没有明确的隔离形态，缺乏限制性，常指在界定的空间内，通过地面与棚顶高度、材质、色彩等局部变化来联想、暗示，并限定出一定的心理空间。虚幻空间：借助镜面、水面等倒影，或有一定景深的大幅画面，扩大或加深空间的视觉效果。

5.共享空间。变则动，不变则静，单一的空间类型常富于静感，如恰当而生动地融汇多种空间形态，使空间形态变化多端，则会产生动感。共享空间，结合动态的人流布置相对静态休息区、娱乐区、台阶、绿化、水池、柱廊等，使"人看人的心地满足感"成为景观空间的重要组成部分，不同活动的人群，互为景观画面，互相欣赏，动静交织。层次丰富，充满生机和活力。

第四节 景观空间的分隔与联系

景观空间的组合：是根据不同功能需求，对空间在垂直和水平方向进行的分隔和联系，为人们提供良好的空间环境，满足不同的活动需要。空间的分隔，应该处理好不同的空间关系和分隔层次。先确定分隔成不同景区空间，再安排不同景区空间之间的关系，最后，利用景观、小品等设施，进一步分隔每个景区空间。

景观空间的转折：景观空间一般随道路转折，有急转、缓转之分。在规则式的景观空间中，道路纵横交叉明确，可急转，由此方向急转成彼方向，由大空间急转成小空间。自然式的景观空间，宜随道路蜿蜒屈曲而缓转，或通过过渡空间，如回廊、花架、遮阳棚等，使转折和缓。

空间分隔的虚实：景观空间的分隔有虚、实之分，两个空间干扰不大，可用篱笆、廊架、漏窗、树林、水面等进行虚隔。虚隔通过借景、漏景等方式，使景物隐约可见，激起人们的好奇心，可增添景观的趣味性，并增加景观的层次与深度。两个空间的功能、风格、动静等要求完全不同，宜用影壁墙、建筑、密林等实隔。虚隔是缓转处理，实隔是急转处理。

第五节 景观空间序列

一、序列的全过程：起始——过渡——转折——高潮——终结

空间序列长短：对于纪念、展示、休闲和娱乐类景观空间，可以使用长序列，增加空间层次，布置更多的展示、景物或设施，强调高潮的重要性、欣赏性或刺激性。而对建筑主体前的景观空间，如：办公楼、车站、机场、医院、住宅等，则应使用短序列，减少空间层次，景观设施一目了然，提高效率、速度，节约时间，方便使用。

1.序列布局类型：序列布局，决定于空间的性质、规模、地形环境等因素，有对称式、非对称式、规则式和自由式等。空间序列的路线，有直线式、曲线式、循环式、迂回式、盘旋式、立体交叉式等。大型景观，观赏路线有往复、迂回、循环、不定等特点，其各个景观单元的路线组合，可归纳为："环式"、"套式"、"串式"、"辐式"四种基本模式。

①"环式"，指闭合的环状观赏路线；

②"套式"，指观赏路线"环环相套"或"环中有环"；

③"串式"，指景点、景区呈线性的串联；

④"辐式"，各景观空间由中心向四周放射状地发散布置。

这四种基本模式穿插变化组合可形成其他复杂的模式。

2.高潮的选择：景观空间中，具有代表性的集中反映景观性质及其精华的主体空间，成为景观的高潮中心。景观空间的性质和规模不同，高潮出现的次数和位置也不同，有些多功能、综合性、规模大的空间，可能有多个高潮，高低波浪起伏，最大的高潮往往在序列尾部，或作为空间序列的结束，令人回味无穷。空间序列的高潮布置，不宜过于隐蔽。有些空间，为表现其规模、标准等，使用短序列，高潮位于入口处或中心，使人感到新奇和惊叹。许多景观空间，利用钟楼、瞭望塔、纪念碑等作为景观高潮

的标志，在高度上控制景观全局。

二、空间序列的设计手法

（一）空间的组合

景观空间的组合须考虑到两种情况：

1.景观空间的组合与其他景观构图形式的关系。由于景观各局部要求容纳游人活动的数量不同，对景观中间的大小和范围的要求也不同。在安排空间的划分与组合时、宜将其中最主要的中间作为布局中心，再辅以若干中小空间，使主次分明并相互对比。安排大、中、小空间位置时，宜疏密相间，错落有致。

2.一般大型景观中，常作集锦式景点和景区布局，或作周边式、角隅式布局。往往以大型水面为构图中心和主体，空间组合沿周边布置。在小型、中型景观中，纯粹使用景观空间的构成和组合，满足构图要求，也不排除使用其他构图形式。

（二）空间的导向性

常利用有持续韵律排列的植物、柱、灯与小品等的反复或交替出现，或利用有方向性的色彩、线条，结合地面与侧面、顶部等的处理，暗示景观方向，成为空间导向性标志。

（三）轴线设计

轴线设计是指路线和视线以轴线形式，组织景观空间，形成趋向某一点或有一定意境主题的游览序列。轴线，可作为透景线（或景观视线通道），在树木或其他景物间保留出透视远方景物的空间。

第六节 空间形态创造

空间形态，对空间环境气氛、格调等总体效果起关键性决定作用。其布局方式有：集中式、分散式、群组式；其组合方式有：规整式、自由式、混合式。常见的基本空间形态有：

1.下沉空间与地台中间：下沉空间，亲切、隐蔽、安全、宁静、私密性强、干扰少；另外，视点的降低，使空间周围景物的观赏视角变化，产生新奇感。适于休息、学习、交谈、娱乐等活动。地台空间，醒目，始于表演、展示或眺望，一些露天茶座、咖啡吧常利用地台空间，更好地收揽周围景物。

2.凹空间与凸空间：凹空间私密性强，清净、安全、亲密。较为开敞的大空间内，适当穿插布置一些凹空间，作为休息等候场所，可避免大空间的单调感和孤独感。凸空间，三面临空，适于展示、表演、观景。

3.游廊与眺台：中国古典园林中常用迂回曲折的游廊，组织人流，丰富景观空间，同时也增添游人不同的空间体验。眺台居高临下，视野丰富；结合地形，在不同标高处做眺台，布置休息与观赏空间，造成高低错落、生动别致的空间效果和空间感受。

4.交错、穿插空间：现代景观设计中，特别是大量性人流的博览会、游乐场、园林等，不仅具有水平方向的空间功能相互交错、穿插，而且，在山谷、峭壁等处，通过观光电梯、扶梯、缆车和索道等组织垂直方向的空间流通，扩大立体空间层次。

5.子母空间：即"园中园"，将大空间内分隔出小空间，既具有封闭空间的亲切感、私密性，又具有开放空间的开敞，避免封闭空间的沉闷、闭塞。但分割尺度不宜过小，否则会产生支离破碎的效果。

6.垂直空间：常用分支点较低、树冠紧凑的中小乔木形成的树列或修剪整齐的高树篱等，形成向上开敞的封闭垂直面。垂直空间肃静、深远、隐蔽、变幻莫测，私密性、导向性和深度感强，狭长的垂直空间易产生"夹景"和"对景"的效果，可以突出景观轴线尽端的景物。

第十八章 景观色彩设计

第一节 色彩的基本知识

一、色彩的来源

（一）光谱

光是电磁波，人类可以感受到的可见光只占电磁波的一部分，范围是380mm 到 780mm 之间。白光穿过玻璃棱镜，分离成红色光、橙色光、黄色光、绿色光、青色光、蓝色光、紫色光，与彩虹有相似颜色秩序的光色谱，称为光的分解或光谱。

（二）单色光与复色光

复色光：经三棱镜后可分解为其他色光，如：白色光可分解为红色光、橙色光、黄色光、绿色光、青色光、蓝色光、紫色光。

单色光：经三棱镜不能再分解，仍是原来的色光。如：红色光、橙色光、黄色光、绿色光、青色光、蓝色光、紫色光。

（三）光源色

光源色，是由各种光源——如太阳、白炽灯、荧光灯、高压气体放电灯等发出的光，光波的长短、强弱、比例、性质等不同，形成不同的色光。如：白炽灯的光含黄包和橙色波长的光多，呈现橙黄色；荧光灯含蓝色波长的光多则是蓝色。

（四）物体色

物体色是我们看到的植物、建筑和地面等物体的物体色色彩，物体色是主要取决于光源光、反射光、透射光的复合色光。物体色是随光源色的变化及自身表面的反光和透射性能变化而改变的。

二、色彩的三属性

色彩三属性，即色彩三要素——色相、明度和纯度。

1.色相：即指各种色彩的相貌，是区别各种色彩的名称，如红色、橙色、黄色、绿色、蓝色、紫色等。色相是色彩的最大特征。色相由光的波长决定，通常用色相环来表示色彩系列。处于可见光谱的两个极端的红色与紫色在色环上联结起来，使色相系列呈循环的秩序。在红色与橙色之间增加了橙红色，红色与紫色之间增加了紫红色，以此类推，还可以增加橙黄色、黄绿色、蓝绿色，简单的龟环由光谱上六个色相环绕而成。如果在这六个色相之间增加一个过渡色相，构成 12 色环，12 色相是很容易分清的色相。如果在 12 色相间再增加一个过渡色相，如在黄绿色与黄色之间增加一个绿调黄，在黄绿色与绿色之间增加一个黄调绿，以此类推，会组成一个 24 色、48 色等更加微妙柔和的色相环。色相涉及的是色彩"质"的特征。物体的颜色是由光源的光谱成分和物体表面反射（或透射）的特性决定的。培养识别色相的能力，是准确表现色彩的关键。

2.明度：是色彩的明暗程度，亦可以用来形容光源的亮度。光谱的中心是最明亮的黄色，光谱的边缘是最暗的紫色。一个物体表面的光反射率越大，对视觉的刺激的程度越大，看上去越亮，颜色的明度越高。明度在色彩三要素中可以不依赖于其他性质而单独存在，任何色彩都可以还原成明度关系，如黑白摄影及素描所体现的是明度关系，在色彩学中用明度对比表现物体的立体感和空间感。黑白之间可以形成许多明度台阶，人的最大明度层次辨别能力可达 200 个台阶左右，普通使用的明度标准大都为 9 级左右。

3.纯度：即彩度、饱和度，物体色彩的纯度与物体的表面结构有关。物体表面粗糙，其漫反射作用将使色彩的纯度降低。

第二节 色彩的物理、生理、心理效应

一、色彩的物理效应

不同色彩的物理效应，如下表所示：

1.暖色：以红色、黄色、橙色及其邻近色为主，波长较长，可见度高，色彩感觉比较跳跃，一般常用于渲染热烈、欢快的庆典场面等景观气氛，或用在广场花坛及主要入口和门厅等环境，给人热烈、欢迎、朝气蓬勃的召唤感。

2.冷色：主要是指青色、蓝色及其邻近的色彩。冷色波长较短，可见度低，在视觉上有远退的感觉。景观设计中，对一些空间较小的环境边缘，可采用冷色或倾向于冷色的植物，能增加空间的深度感。

可以利用色彩冷暖、明度、纯度等的变化，改变景物的尺度、体积和空间感，协调景观各部分之间关系。

二、色彩的生理效应

在红色环境中，人的脉搏会加快，血压及情绪有所升高。而处在蓝色环境中，脉搏会减缓，情绪也较沉静。颜色还能影响脑电波，对红色的反应是警觉，对蓝色的反应是放松。

暖色，可见度高，易造成视觉疲劳，不宜在高速公路两边及街道的分车带中大面积使用，以免分散司机和行人的注意力，造成事故。暖色令人感觉温暖舒适，还常用于在冬季或寒冷地区来平衡温度感。冷色会令人产生凉爽的感觉，常用在炎热的夏季或高温区。

表 18-1 色彩的生理效应

物理效应	色彩特点	
温度感	越接近橙色，温度感越热	越接近青色，温度感越冷
重量感	冷色、明色、纯度高的偏轻	暖色、暗色、纯度低的偏重
软硬感	冷色强硬	暖色柔软
尺度感	冷色、暗色尺度偏小	暖色、明色尺度偏大
透明感	冷色较强	暖色较弱
湿度感	冷色湿润	暖色干燥
密度感	冷色稀薄	暖色稠密
距离感	冷色、暗色远退、凹离	暖色、明色前进、凸出

三、色彩的心理效应

无论有色彩的色，还是无色彩的色，都有自己的表情特征。如红色：热烈冲动，在蓝色底上像燃烧的火焰，在橙色底上却暗淡；橙色：富足、快乐而幸福，象征着秋天；黄色有金色的光芒，象征着权力与财富，黄色掺入黑色与白色，它的光辉会消失；绿色优雅而美丽，无论掺入黄色还是蓝色仍旧很好看，黄绿色单纯年轻，蓝绿色清秀豁达，含灰的绿色宁静而平和；偏红的紫色，华贵艳丽；偏蓝的紫色，沉着高雅，常象征尊严、孤傲和悲哀等等。色彩表达的感情，完全依赖于人们的感觉、经验和想象力，没有固定模式。

第三节 景观色彩设计的要求和方法

一、景观色彩设计须考虑的主要问题

1.空间用途

2.空间的体量大小，形状与形式。

3.空间的方位。

4.空间使用者的差别。

5.使用者在空间内的活动及使用时间的长短。

6.空间的周围状况。

7.使用者对色彩的偏爱。

二、景观色彩的设计方法

（一）协调景观色彩

配色是景观色彩设计的根本问题，是景观色彩效果优劣的关键。色彩效果取决于不同颜色之间的相互关系，处理色彩之间的协调关系是配色关键。

在景观色彩设计中，需要色彩协调的同时，还需要色彩对比，正确处理和运用色彩的统一与变化规律，在和谐秩序下，创造丰富的色彩变化效果。

（二）色彩构图的作用

1.色彩可以使重点的景观醒目突出，主次分明。

2.色彩可以使事物体积显得高大或缩小。

3.色彩可以强化或淡化景观的空间形式。

4.色彩可以通过反射来修饰。

解决色彩之间的相互关系，是色彩构图的中心问题。通过色彩的重复、呼应、联系，可以加强色彩的韵律感和丰富感，使色彩多样统一，统一中富于变化，不单调、不杂乱，色彩之间有主从、有中心，形成完整和谐的整体。

三、景观色彩的分类

1.单色调：宁静、安详，有良好的空间感，是良好的背景色。只用一种色调，在明度、纯度上有所不同，间用中性色，须注意拉开明度，才能产生层次感，否则，会模糊含混。无彩色调：由明度不同的黑色、灰色、白色组成的单色调。

2.调和色调：宁静、清新，令人喜爱。由邻近色组成，须注意明度、纯度的变化，或局部采用小块对比色产生变化，否则，易单调。

3.对比色调：不宜协调，须用中性色加以调和，并注意色块的大小、位置等的均衡。

（1）互补色调：生动鲜艳。

（2）分离互补色调：使用一种颜色，再加上其互补色旁边的两个颜色，对比柔和。

（3）双重互补色调：使用两组（共四种颜色）互补颜色。

（4）三色互补色调：使用色环上三个等距离的颜色，如：红色、黄色、蓝色。

（5）近景的纯色由远景的灰色衬托，明度高的纯色由明度暗的灰色衬托，主景的纯色由背景的灰色衬托。

第十九章 景观照明设计

第一节 照明的基本概念

1.光的度量分四个阶段：在光源处，光在空间中传播，光到达物体的表面以及光由表面反射回来。

表 19-1

名称	符号	单位	说明
光通量	φ	流明（lm）	光源发射并被人的眼睛接收的能量之总和
发光强度	I	坎德拉（cd）	光源在特定方向单位立体角内所发射的光通量
照度	E	勒克斯（lx=lm/m²）	光表面上光通量的面密度，即单位面积的光通量。是表示受光表面被照亮程度的一个量
亮度	B	坎德拉/平方米（cd/m²）	被视物体在视线方向单位投影面上的发光强度，亮度往往是表示某个方向上的亮度。

2.光效：指电能转换成光能的效率。单位：流明/瓦[lm/W]，即光源消耗每一瓦电能所发出的光，数值越高表示光源的效率越高。

3.色温：单位：开尔文[K]，大致分三大类：暖色<3300K，中间色 3300K 至 5300K，冷色＞5300K。

4.光源的显色性：指光源对物体真实颜色的呈现程度，用显色指数（Ra）

评价，Ra 最大值是 100，其值越大，光源的显色性越好。显色等级划分如下：

表 19-2

指数（Ra）	等级	显色性	一般应用
90~100	1A	优良	需要色彩精确对比的场所
80~89	1B		需要色彩正确判断的场所
60~79	2	普通	需要中等显色性的场所
40~59	3		对显色性的要求较低，色差较小的场所
20~39	4	较差	对显色性无具体要求的场所

5.灯具效率：即光输出系数，是衡量灯具利用能量效率的重要标准，在规定条件下测得的灯具发射光通量（流明）与灯具内的全部光源按规定条件点燃时发射的总光通量之比。

6.光源启动性能：指灯的启动和再启动特性，用启动和再启动所需要的时间来度量；一般，热辐射电光源的启动性能最好，能瞬时启动发光，不受再启动时间的限制；气体发电光源一般不能瞬时启动。除荧光灯能快速启动外，其他气体放电灯启动时间最少在 4min 以上，再启动时间最快要 3min 以上。不能承受启动和再启动约束的场合照明应选用普通白炽灯、卤钨灯和荧光灯。

第二节　光源与灯具的选择

一、光源与灯具的选择依据

1.实用性：如光输出、光效和费用。

2.美观性：如空间的光分布、强度和漫射。灯型很重要，但不是决定整体方案的全部因素，大多数情况需要设计适合于不同灯具和装置的整体照明系统。在确定基本灯型后，考虑使不同的因素对最终方案统一。

二、照明灯具类型

1.按光源可分为白炽灯（紧凑型荧光灯归为这一类）、荧光灯、高压气体放电灯等三类。

2.按配光曲线可分为直接照明型、半直接照明型、全漫射式照明型和间接照明型等。

三、常用光源的物理性能，如下表

表 19-3 常用光源的物理性能

常用光源	色温（K）	显色性 Ra	光效（lm/W）	使用寿命（hour）	功率（W）	启动时间（min）	启动时间（min）
氙灯	5500~6000	90~94	20~50	500~1000	1000~50000	瞬时	瞬时
金属卤化物灯	4000~4600	65~93	60~90	5000~7000	400~1000	4~8	3~15
荧光灯	2500~5000	51~95	50~80	30000~50000	4~100	1~4s 瞬时	1~4s 瞬时
高压汞灯	3450~3750	42~52	22~50	5000~7000	5~1000	4~8	3~10
卤钨灯	3000	100	15~20	1000~1500	500~2000	瞬时	瞬时
白炽灯	2700	95~100	8~14	800~1500	10~1000	瞬时	瞬时
钠灯	1950~2250	25~60	80~140	5000~10000 万	35~1000	4~8	10~15
高频无极灯	3000~4000	85	55~70	4 万~8 万	9~165	瞬间	瞬间
Led 灯	任意	75~85	40~100	5 万~10 万	1~9	瞬间	瞬间

光衰：指光源正常使用一段时间后，因荧光粉的损耗，灯具变暗的现象。

第三节 照明的作用与方式

一、照明的作用

1.塑造形象：景物的形象只有在光照下才能被视觉感知，正确地用光（包括：光量，光的性质和方向）能加强景物的立体感，提升艺术效果。

2.围合空间：灯光下的明暗差异暗示不同空间的划分。灯光微妙的强弱变化塑造空间的层次感和深度感。

3.渲染气氛：光的变化影响人的心理，使景观空间产生不同的气氛和艺术感染力，柔和的光令人轻松自在、安定祥和；强光会使人兴奋，过量的强光会使人拘谨、烦躁不安；幽暗的光会使人感觉亲近、自信、消沉、压抑和郁闷；黑暗则使人感觉危险和无助；暖色光使人感觉温暖舒适；过量的暖色光却会使人感觉闷热、躁动；冷色光使人感觉清爽、沉静；过量的冷色光却使人感觉冷酷与消极。

4.突出重点：没有重点会使景观平庸乏味。强化光的明暗对比能实现表现的艺术现象或细节，形成突出的视觉中心。极高的对比还能产生戏剧性的艺术效果，打动人心。

二、光污染

光污染，指现代城市建筑和夜间照明产生的溢散光、反射光和眩光等对人、动物、植物造成干扰或负面影响的现象。光污染对人体的危害首先是眼睛。瞬间的强光照射会使人出现短暂的失明现象；普通的光污染则会伤害人眼的角膜和虹膜，引起视觉疲劳、视力下降，并引发头晕目眩、失眠、心悸、情绪低落等神经衰弱症状；光污染一般分三类，即白亮污染、人工白昼和彩光污染。

1.白亮污染：即二次眩光。阳光照射玻璃幕墙、釉面砖墙、磨光大理石

271

和各种涂层，产生的光反射，明亮烛目，干扰视线，损害视力。长期在这种环境工作、生活，人眼会受到不同程度的损害，视力下降，白内障的发病率高达45%。

2.人工白昼：指夜幕降临后，街道、商场、酒店等的路灯、广告灯、霓虹灯亮丽多彩，闪烁夺目，令人眼花缭乱，尤其近来夜景中应用较多的激光演示灯，其光束直冲云霄，使得夜晚如同白天，扰乱人体正常生物钟，导致白天工作效率低下，也影响鸟类、昆虫等动植物的正常活动规律、生长繁殖过程。

3.彩光污染：指舞厅、夜总会的霓虹灯、旋转灯、荧光灯等闪烁的彩色光源，让人眼花缭乱，不仅对眼睛不利，而且干扰大脑中枢神经，使人头晕目眩，出现恶心呕吐、失眠等症状，长期在这种环境中活动和工作的人会出现正常细胞衰亡、血压升高、体温起伏、心浮气躁等各种不良症状，损害人的身心健康。国际上把夜间环境分为四类——自然黑区、低照度区、中照度区和高照度区。应根据不同的功能需求设计照明灯光。

三、绿色照明

指通过科学的照明设计，采用效率高、寿命长、安全和性能稳定的照明电器，建成环保、高效、舒适、安全、经济、有益于环境和提高人们工作学习和生活质量的照明系统。绿色照明产品应符合如下条件：

1.高光效，节省电能。

2.寿命长，节约资金。

3.舒适，提高照明质量和水平，提高工作效率。

4.减少使用含有有害物质的照明产品。

第四节 光的作用

一、布光

没有光就没有画面，需要用一定角度的成角照明照亮景物，产生阴影变化，体现景物的立体感和空间深度，没有光与影，景物看起来会显得很平，没有生气。光的变化可以使同一景观产生丰富多彩的变化。

1.主光：对景观空间的亮度、光色的冷暖起决定作用，主光的位置和角度应能够制造足够的阴影，其他的辅光和轮廓光等是对主光的补充和调节。

2.辅光：维持主光的阴影的存在，补充主光产生的阴影的亮度，使之不过于黑暗，显现阴影内的细部变化。并缓和主光引起的明暗强烈对比，使看起来很硬的阴影变的柔和。加入辅光是为了能够减弱主光的阴影，要注意辅光不要太亮，否则它也会在景物上造成阴影，产生杂乱的阴影效果。

3.轮廓光：能围绕物体顶部产生一个光边，把前面的物体和背景分离，增强空间深度感。

二、树木的照明

绿化地带的泛光照明一般选择名树、古木或造型奇特的树木作为对象。可遵循下列原则：

1.根据树形布灯，与树的整体相适应。如：淡色的、高耸的树，可用轮廓光使之突出。

2.可用灯光照亮周边树木的顶部，获得虚无缥缈的感觉，同时分层次照亮不同高度的树木，增加景观空间的深度感和层次感。

3.光源光色要与树叶颜色配合，使其天然的色彩更加生动。

4.树丛整体照明，须注重整体颜色和体积。局部照明须针对近距离观赏的对象，单独考虑。

5.照明须适应植物颜色和外观的季节变化。

6.为了突出远景照明，近景宜暗或不照明，不引入注意。

7.避免眩光。

三、水景照明

城市中的喷泉、喷水池、瀑布、水幕等水景也是泛光照明的重点对象。动态水景配以音乐更加动人。

1.喷泉布灯宜在喷出的水柱旁，或在水落下的地方，在水柱喷出布灯，可使部分光线好似被拴在水柱中，用窄光束泛光灯具，效果显著。在水落处布灯，灯具宜在水面下一米左右，使落下的水滴闪闪发光。

2.水幕或瀑布应在水流下落处布灯，灯光的亮度取决于水落下的高度和水幕厚度等因素，也与流出口的形状造成的水幕散开程度有关，若踏步或水幕的水流慢且落差小，则可在每个踏步处设置管状灯。改变光色，会更生动活泼。射光方向可以是水平的或垂直向上的。

3.静止的水面或缓慢的流水反映岸边景物。岸边景物有良好的冷光照明，则和水中的倒影相映成趣。如果水面不是完全静止而是略有些扰动，可用探射光照射水面，使水波涟漪、闪闪发光，反射到周围景物上形成动人的斑驳。岸边引入注目的景物及伸出水面的景物，如斜倚着的树木等，均可用水下投光灯照明。

第二十章 景观设计的构图

第一节 景观造型设计的基本概念

景观造型常分为抽象理性的造型和具象感性的造型两大类。

一、抽象理性的造型

抽象理性的造型是以美学为出发点，采用纯粹抽象几何形为主的景观造型构成手法。风格简练，条理明晰，秩序严谨，比例优美，在结构上呈现数理的模块、部件的组合。常用的抽象手法有两种：

1.从具象中概括提炼：用理性归纳法，将自然形象整理，舍弃表象部分，保留反映其内在精髓的部分。

2.按形式美法则构成：以纯粹的点、线、面、块等几何基本原型为材料，按形式美法则通过空间变化、平移、旋转、放射、扩大、混合、切割、错位、扭曲，及不同质感的肌理组合，创造独特的景观形象。

二、具象感性的造型

具象感性的造型，常以某种具体生物或事物为依据，是景观造型更自由灵活，生动形象，妙趣横生，赋有鲜明的个性，使人产生美好的联想与情感共鸣。常用的抽象手法有两种：

1.模拟

模拟即景观造型较直接地模仿自然现象，通过比喻或比拟、联想、折射、寄寓或暗示某种意象。常见的造型模拟手法有三种：

（1）局部模拟，主要出现在景观造型的某些功能构件上，如脚手架、扶手、靠板等。

（2）整体模拟，把景观的外形塑造为某一自然现象，分写实模拟和抽象模拟，或介于二者之间。抽象模拟重神似，不求形似，更耐人寻味与引发联想。

（3）图案模拟，引入自然现象的画面作装饰，多用于儿童活动和娱乐场所。

2.仿生

仿生即引用仿生原理，赋予景观以某种生物的特征，如：壳体结构是模仿龟壳、贝壳、蛋壳的原理，利用现代材料与技术设计，现在已建造出许多奇特、形式多样的壳体结构。

第二节 景观构图的基本要素

一、点

"点"是最基本的构成单位。在景观整体环境中，凡相对于整体和背景比较小的形体都可称之为点，其方向感弱，静态，有位置、色彩、肌理感。如视觉上的先点、焦点、中心等常以点的形式出现。

点的运用手法有：自由、阵列、旋转、反射、节奏、特异等，不同的点的排列会产生不同的视觉效果，有时仅仅轻松、随意的一点，便能起到锦上添花、画龙点睛的作用。

二、线

线有很强的方向性，线的粗细可产生远近的关系，线主要分为：直线和曲线两类。线的曲直运动和空间构成能表现出各种造型形态，并表达出韵律、节奏、气势、力度、个性与风格。

线的表现特征主要随线的长度、粗细、状态和运动方式的不同，使人心理上产生不同感受。

规则式景观，常用直线和几何曲线；自然式风格的景观则大量使用自由曲线。"神以线而传，形以线而立，色以线而明"，线不仅有修饰美，同时具有一种流畅的美感。在景观设计中，线的运用，常以绿篱的形式使绿化图案化、工艺化。

三、面

面可分为平面与曲面，平面有垂直面、水平面与斜面；曲面有几何面与自由面。

表 20-1

规则的形	肯定、安稳、简洁、明确、庄重、秩序
圆弧、椭圆	愉快、温暖、柔和、开展
扇形	锐利、凉爽、轻巧、华丽
三角形	凉爽、锐利、坚固、干燥、强壮、收缩
菱形	凉爽、干燥、锐利、坚固
正方形	坚固、质朴、稳定
曲面形	温和、柔软、亲切和动感
不规则形	奇异、模糊、发散、有动感和方向性

面具有材质、肌理、颜色的特性，产生不同的视觉、触觉感受及声学特性。

面的使用，自由灵活，无约束，可以为各种规则或不规则的绿地草坪和树墙，把它们不同的平铺组合或层叠相接，其表现力丰富。

四、体

"体"，有几何体和非几何体两类。

几何体：有正方体、长方体、圆柱体、圆锥体、三棱椎体、球体等形态。

非几何体：一般指不规则的形体。

景观形体造型中，体有实体和虚体之分，给人虚实不同的感受。虚体（由面状线形所围合的虚实空间）使人感到通透、轻快、空灵而透明，而实体（由体块直接构成实空间）给人以重量、稳固、封闭、围合性强的感受。体块的虚、实处理给造型带来丰富的变化。景观造型中多为各种不同形状的立体组合成的复合形体，造型中凹凸、虚实、光影、开合等手法的综合应用，可以搭配出千变万化的景观造型。

第三节 景观构图的形式美法则

一、统一与变化

统一是在景观整体和谐、条理分明与井然有序的基础上，形成的主体基调与风格。变化是在整体统一的基础上寻找差异，使景观更加生动、鲜明，富有趣味手法。

1.统一：主要运用协调、主从、呼应等手法达到统一效果。

（1）协调

线的协调——运用景观造型的线条，如以直线、曲线为主，达到造型的协调。

形的协调——构成景观的各部件外形相似或相同。

色彩的协调——色彩、纯度、色相、明度的相似，材质肌理的相互协调。

（2）主从

次要部位是主要部位的从属，烘托主要部分，突出主体，形成统一感。

（3）呼应

主要体现在线条、构件和细部装饰上的呼应。常运用相同或相似的线条、构件重复出现，以取得整体的联系和呼应。

2.变化：变化是在统一的基础上，强调部分差异，求得丰富多变的效果。景观在空间、形状、线条、色彩、材质等各方面都存在差异，恰当地利用这些差异，能在整体风格的统一中求变化，变化主要体现在对比方面，几乎所有造型要素都存在着对比因素。

二、对称与平衡

景观的造型必须遵循这一原则，以适应人们视觉心理的需求。对称与平衡的形式美法则是动力与重心两者矛盾的统一所产生的形态，对称与平衡的形式美，通常是以"等形等量"或"等量不等形"的状态，依中轴或依支点出现的形式。对称具有端庄、严肃、稳定、统一的效果，平衡具有生动、活泼变化的效果。

1.对称常用的形式有以下几类：

（1）绝对对称——最简单的对称形式是基于几何图形两半相互反照的对称。同形、同量、同色的绝对对称。

（2）相对对称——对称轴线两侧的物体外形，尺寸相同，但内部分割、色彩、材质肌理有所不同。相对对称有时没有明显的对称轴线。

（3）旋转对称——是围绕相应的对称轴或旋转图形的方法取得。它可以是三条、四条、五条、六条中轴线作多面均齐式对称，在活动转轴景观中多用这种方法。

2.平衡

指造型中心轴的两侧形式在外形与尺寸上不同，但它们在视觉和心理上感觉平衡。平衡的手法，使景观造型具有更多的可变性与灵活性，同时，需要注意的是由于景观是在特定的建筑空间环境中，因此除了景观本身形体的平衡外，景观与电器、灯具、书画、绿化、陈设的配置，也是取得整体视觉平衡效果的重要手段。

三、比例与尺度

（一）比例

比例从指景观各方向度量之间的关系从局部与整体之间的关系。包含两方面内容：一是景观与景观之间的比例，需要注意景观整体空间比例的长、宽、高之间的尺寸关系，体现整体协调、高低参差、错落有序的视觉效果；二是景观整体与局部、景观局部之间的比例，需要注意景点本身的比例关系和彼此之间的尺寸关系。比例匀称的造型，能产生优美的视觉效果。

（二）尺度

尺度指尺寸与度量的关系，与比例密不可分。单纯的形式本身不存在尺度，整体的结构纯几何形状也不能体现尺度单位，只有在导入某种尺度单位或在与其他因素发生关系的情况下，才产生尺度感。如：景观与人体、景观与建筑空间、景观整体与局部、景观局部之间，按度量的大小、构成物体的大小等形成的特定尺寸关系。

景观尺度必须引入可比较的度量单位，或与所处空间、或与其他物体发生关系时，才能明确其尺度概念。最好的度量单位是人体尺度，为某类人群使用，其尺度必须以该类人群人体尺度为准。

除了人体尺度外，建筑环境与景观的关系也是景观尺度感的因素之一，要从整体上全面认识与分析人与景观、景观与建筑、景观与环境之间的整体和谐的比例关系。

第二十一章 景观与园林设计

园林按其发源地大致可分为：东亚古典园林、西亚古典园林、西方古典园林三大园林体系。

东亚古典园林，以中国园林与日本园林为代表，突出山水园林特色，讲求自然与意境的创造，可游、可赏、可居，常用移天缩地和借景的手法，道法自然。

西亚古典园林，重视植物和水法，一般以建筑围合庭院，面积不大，以水池为中心，十字形构图。

西方古典园林，大多方正，均衡对称，追求人工美和几何图案美。不太重视园林的自然性及园林与自然环境的协调关系。修剪过的花坛、喷泉水池和露天雕塑等，都体现人工性，具有理性主义色彩。

第一节 西亚古典园林

西亚的造园历史，可追溯到公元前，基督圣经的"天国乐园"（伊甸园）在叙利亚首都大马士革。西亚古典园林，其主要范围从西班牙到印度，包括叙利亚、两河流域、埃及以及伊斯兰地区，主要指巴比伦、埃及、古波斯的园林，其规划方直、栽植齐整、水渠规则、风貌严整，后来为阿拉伯人所继承，成为伊斯兰园林的主要特点。

古巴比伦空中花园，大约在公元前 6 世纪，被列为世界七大奇迹之一，位于幼发拉底河与底格里斯河流域，巴比伦国王仿照宠妃故乡景物，建造在不同高度的石柱拱廊上的平台花园，层层退缩，高踞天空，绿荫浓郁，名花处处，四季飘香，顶部设有提水装置，用以浇灌。空中花园不远处，还有一座耸入云霄的"通天塔"，以巨石砌成，共七级，高 198 米，上面种有奇花异草。

古埃及园林，平面不大，方正的几何构图，设计精美而严谨，四周有墙，园中大量植树，房屋对称，园内有山有水，池畔有亭，园门与主体建筑在一条中轴线上，多用石材。

古波斯的造园活动，是由猎兽的围逐渐演进为游乐园。波斯最早开始种植名花异草，以后再传播到世界各地。公元前 5 世纪，波斯就有独立于自然的园林——天堂园，四面有墙，园内种植花木。平面用纵横轴线分作"田"字形四区，十字林荫路交叉处设中心喷泉水池。西亚干旱，水意味着生命，是天赐神物，人们崇拜景仰水，将水池置于庭院最重要的中心处，点点滴滴地蓄聚盆池，再穿地道或明沟，延伸到每条植物根系。这种造园理水的方法后来传到意大利，并成为欧洲园林必不可少的点缀。

阿拉伯人在 7 世纪崛起，继承两河流域的建筑传统，汲取古希腊、古印度的经验，形成伊斯兰建筑风格，其庭院通常采用封闭式，有拱廊，庭中有水池，建筑大多采用穹顶，重视十字形图案。

14 世纪时西班牙阿尔汉布拉宫殿园林，集回教园林艺术精髓。

16 至 17 世纪，印度莫卧儿帝国统治时期，流行十字形伊斯兰园林。如当时的"诚笃园"（公元 1508 年至 1509 年）以十字形水渠将花园分割成四块花圃，十字形中心处有水池和喷泉，周围有草坪和树丛。

第二节 规整而有序的西方园林

一、西方园林体系的形成

园林体系，起源于古希腊，较多借鉴、渗透吸收西亚园林风格，形成以法国园林为代表的"规整有序"的园林风格。

公元前 3 世纪，希腊雅典建造出历史上最早的"文人园"。古希腊人崇尚自然，园林艺术与周围的自然景色结合和谐。古希腊人还建造了历史上最早的一批公共花园，喷泉、雕像、岩洞点缀其间，悬铃木和柏树掩映，古权的先哲们常在爬满葡萄藤的凉亭里为公众作精彩的讲

公元 5 世纪，希腊从波斯学到西亚的造园术，发展出宅院内布局规整的"廊柱园"，每家居室围绕中心庭园布置，有的后院还有"果蔬园"。

古罗马继承希腊规整的庭院艺术，结合西亚游乐型园林，发展出大规模的山庄园林，主要建在郊区达官贵人别墅周围，规模宏大、形式豪华，令人惊愕。公元 2 世纪，哈德良大帝在罗马东郊始建的山庄园林，覆盖 18 平方公里，由一系列馆阁庭院组成，成为庭园的极盛时期，号称"小罗马"。

中世纪欧洲的园林，体现为教会特权阶层的乐园，大修道院的花园幽静，教士们倾心交谈或悄然祷告。城堡附近的花园成为市民休憩、娱乐的新天地。有的花园节日里提供给民众举行游园庆祝活动。为以防万一，花园周围都筑起难以逾越的高墙。中世纪的花园，摈弃了雕像、假山岩洞、圆柱门廊等异教徒们所喜爱的装饰。

文艺复兴运动，起源于意大利，园艺家们大发思古之幽情，以古希腊和古罗马花园为范本，创造出许多园林杰作。

15 至 16 世纪，意大利园林形成古典主义风格，其代表有罗马郊区的玛达马别墅和埃斯泰别墅花园。

庄园，是文艺复兴运动之后欧洲规则式园林效法的典范。其最显著的特

点是，花园最重要的位置上一般均耸立着主体建筑，建筑的轴线也同样是园林的轴线；园中的道路、水渠、花草树木均按照人的意图有序地布置，显现出强烈的理性色彩。

二、西方园林体系的主要分类

在 18 世纪中叶以前，欧洲手工业时期，只有供皇帝使用的猎苑（Hunting Park）、皇家花苑、王子或贵族的城堡园林、贵族的别墅（Villa）园林、寺庙园林、富裕阶层的私家园林。其中，猎苑和寺庙园林是自然的或半自然的，其余的是人工建造的。当时的许多园林类型影响深远，保留至今，主要有以下几类：

（1）小型：果园、厨园、药草园，以果品、蔬菜、药草等实用功能为主，是由园丁或园主人自行安排建造的小型的园林。

（2）中型：绿色雕塑园：迷园、结纹园、花坛园（主要是把许多结纹园和许多毛毡花坛组成一个中轴对称的花坛群），这类园林布局造景一般中轴对称，配水池、喷泉、雕塑或花架、亭榭等。一般布置在别墅、住宅等建筑物外围，花园一般不是主体，规模不大。

（3）大型：主题园林，主要包括：意大利台地园林与几何式法国古典主义园林。

15 至 17 世纪，文艺复兴时期，西方园林形成意大利、法国、英国三种风格。

①意大利台地园林：大量建造在意大利山坡梯形台阶地上的几何式园林。最高层台地上常布置主体建筑，置身其中凭栏远眺，周围景色尽收眼底。台地从上到下做成多种形式的沟渠、水池、叠瀑、急湍、喷泉等，以规则几何形的地块，作为花坛、绿篱、树丛的用地。台地园林是意大利园林特征之一，它有层次感、立体感，有利于俯视，容易形成气势。意大利文艺复兴时期，园林主张用直线划分小区，修直路，栽直行树。直线几何图形成为意大利园林的一个特征。

②几何式法国古典主义园林：15 世纪末，意大利的造园术和文艺复兴文

化传入法国，巴黎南郊建枫丹白露宫花园、巴黎市的内卢森堡宫花园。17 世纪，法国古典主义园林逐渐自成特色，园景一般沿轴线铺展，主次、起止、过渡、衔接都做精心的处理。园林注重主从关系，强调中轴和秩序，突出雄伟、端庄、几何平面。以法国凡尔赛宫园林为代表，其面积达 1500 公顷，成为闻名世界的最大的宫廷花园。它分为三部分，南边有湖，湖边有绣花式花坛，中间部分有水池，北边有密林。园中有高大的乔木和笔直的道路，两旁有雕像，水池旁有阿波罗母亲的雕像和阿波罗驾车的雕像，表明歌颂太阳神的园林主题，积极进取。这时期的园林把主要建筑放在突出的位置，前面设林荫道，后面是花园，园林形成几何形轴网。法国古典主义园林是西方园林的一种风格和流派。

西方园林比较重视植物配置，将植物按其观赏特性分类分级，如树冠按形状分为：椭圆形、卵形、球形、圆锥形、宝塔形、伞形、自然形、垂枝形、匍匐形等多种；绿叶按色度分为：青绿色、黄绿色、灰绿色三种；花形花序分为六类。配置植物时，从平面、立体、色彩、树丛疏密度等方面考虑植物构图和风格，还注意配置的乔木和灌木的比例、针叶树和阔叶树的比例、树木密度和树种的比例等，形成园林植物配置理论。

③风景造园时期。

18 世纪中叶，欧洲工业革命后，出现城市化，城市居民厌倦那种精雕细刻、修剪整形、中轴对称、了无生趣、费工费钱的几何式园林。此时，中国的充满生趣的自然山水式园林，通过乾隆的画师、法国传教士王致诚传入欧洲，震动整个欧洲园林界，以致英国的整形几何式园林在 18 世纪后期几乎完全消失。

英国自然风景园林：

18 世纪中叶到 19 世纪 30 年代，以英国为代表的欧洲园林受中国自然山水园林的影响，抛弃原有的规则式几何园林，地形波状起伏，以自然界的树木为主体，大片的草坡上散点着孤植的常绿乔木，水体、园路自然曲折，形成独具特色的浪漫主义自然风景园林，被称作"英华庭园"。代表人物：肯特（William Kent）、勃朗（L Brown）、赖普敦。

公园：

17 世纪，英国把贵族的私家园林开放为公园。18 世纪以后，欧洲其他国家也纷纷仿效。19 世纪下半叶，美国风景建筑师把传统园林学从庭园扩大到城市公园系统及区域范围的景物规划。城市户外空间系统及国家公园和自然保护区成为人类生存的需要。1952 年第一个主题公园在荷兰开业，是一对夫妇为纪念在"二战"中牺牲的独生子而创建的，微缩荷兰各地 120 处风景名胜。之后，主题公园很快在世界各地得到蓬勃发展，由纪念性扩大到娱乐性，并发展出生态环保性的主题公园，强调物种保护、环境恢复与废物利用等。

第三节 中国古代园林

一、中国古代园林的起源与发展

中国古代园林的发展经历了五个主要阶段：

1.萌发期：商周时期，帝王原始的自然山水丛林，草木鸟兽滋生繁育，可狩猎、游赏，称为苑、囿。

2.成长期：春秋战国至秦汉时期，帝王、贵族和富豪模仿自然美景和神话仙境，以自然环境为基础，构亭营桥，种植花木，建筑数量多，铺张华丽，讲求气派。出现以宫式建筑为主的宫苑，秦始皇建上林苑，引渭水作长池，以一池三山的模式，构筑蓬莱仙境。

3.过渡期：南北朝至隋唐五代时期，文人参与造园，以诗画意境为主题，渗人理想主义的审美情趣；构图曲折委婉，讲求山林野趣。

4.成熟期：两宋至明初时期，以写意山水园林为主，注重发掘提炼自然山水精华，采用叠石、堆山、理水等手法来表现，园景主题鲜明，富有性格；同时大量经营邑郊园林和名胜风景园林，将私家园林的艺术手法运用到尺度比较大、公共性比较强的风景园林中。

繁荣期：明中叶至清中叶时期，园林数量骤增，造园成为独立的技艺，园林成为独立的艺术门类；私家园林（主要在江南）数量骤增，皇家园林仿效私家园林，成为私家园林的集锦。出现许多成熟的造园理论著作和造园艺术家，如计成著的《园冶》。

二、中国古代园林的主要类型

1.皇家园林：占地大，大多利用自然山水，气势恢宏，用材丰富，装饰堂皇，功能庞杂，包罗万象，一般都有宫殿，其苑景部分的主题多采集天下名胜、神话传说和名人轶事，造园手法多用集锦式，注重各个独立景物间的呼应联络，讲究意境。历史上著名的宫苑有：秦汉的上林苑、汉的甘泉苑、隋的洛阳西苑、唐的长安禁苑、宋的艮岳等。现存的皇家宫苑多是清代创建或改建的，如kl:京的西苑（中海、南海、北海）、西郊三山五园中的颐和园、静明园、圆明园、静宜园、畅春园和承德避暑山庄。

2.私家园林：包括宅内庭园。一般规模不大，空间分隔曲折迂回，常用假山假水，建筑小巧玲珑，讲究花木配置和室内外装饰，色彩淡雅素净。如北京的恭王府，苏州的拙政园、留园、沧浪亭、网师园，上海的豫园等。

3.寺庙园林：一般只是寺庙的附属部分，手法与私家园林区别不大。园林风格更加淡雅。有的地处山林名胜，环境清幽，风景得天独厚。如：南京的栖霞寺，浙江天台山的国清寺，当阳的玉泉寺，长清的灵岩寺，佛教称之为天下的四大丛林。此外，苏州的通玄寺、寒山寺，杭州的灵隐寺，扬州的大明寺，成都的武侯祠，乐山的凌云寺，峨眉山的万年寺，武汉的宝通寺也都形成园林格局。

4.邑郊风景区和山林名胜。如苏州的虎丘、天平山，扬州的瘦西湖，南京的栖霞山，昆明西山的滇池，滕州的琅琊山，太原的晋祠，绍兴的兰亭，杭州的西湖等；还有佛教四大名山及武当山、青城山、庐山等。这类风景区尺度大，内容多，把自然的、人造的景物融为一体，既有私家园林的幽静曲折，又是一种集锦式的园林群；既有自然美，又有园林美。

三、中国古代国林的特点

1.天人合一，师法自然：中国古代园林中，有山有水，强调自然美，追求"虽由人作，宛自天开"的效果，总体布局组合合乎自然；山水景象效仿自然的峰、涧、坡、洞等；假山峰密的石料拼合叠砌，模仿天然岩石的纹脉；花木"三五成林"，疏密相间，形态天然；乔灌木错杂相间，追求天然野趣；水岸曲折，波光粼粼，高下起伏，创造"山林"自然的意境。

2.追求诗情画意般的意境：追求诗的涵义和画的构图，意境是中国古典园林追求的内在魅力核心，园林意境寄情于自然景物中，常以小见大，借山水景观抒怀明志，使眼所见、耳所听、心所触，无所不是美丽，触景生情、情景交融、互相激发；如诗似歌，自然流动；如花香不知其所以，耐人寻味。园林的品题多采自著名诗作，内涵丰富，并通过匾、联、碑、碣、摩崖石刻，命名景物，点明主题。园林构图依画本布局，叠山理水，效仿自然，形成绘画效果，使空间既有自然野趣，又具形式美。如：万壑松风、梨花伴月、桐剪秋风、梧竹幽居、罗岗香雪等。

3.庭院深深：不知几许，空间层次丰富，变化无穷：常运用曲折、断续、对比、烘托、遮挡、透漏、疏密、虚实等手法，取得峰回路转、山重水复、柳暗花明的效果。使"套室回廊，叠石成山，栽花取势，大中见小，小中见大，虚中有实，实中有虚，或藏或露，或浅或深"，诗情画意如连续委婉的曲线在空间流淌。

4.强调借景：如计成在《园冶》所述："园虽别内外，得景则无拘远近……俗则屏之。嘉则收之。"借录的内容主要有：

①借形：借建筑、山石等。

②借色：借月色、植物色等。

③借声：借流水声、鸟鸣声、晨钟暮鼓声等。

④借香：借花草的清香。

借景的主要手法有远借、邻借、仰借、俯借、应时而借等。"应时而借"指随年季、早晚、阴晴等天象变化的动态或静态景观。中国园林运用借景手法创造出许多著名的美丽画面，如江苏无锡寄畅园借景锡山宝塔，北京颐和园的画中游、鱼藻轩借景玉泉山和西山，河北承德避暑山庄锤峰落照借景磬锤峰等，都是借景成功的实例。

四、中国古代园林的组成要素

1.筑山。

假山可分为仿真型、写意型、透漏型、实用型、盆景型五大类。仿真型，有真实的自然山形，有峰、崖、岭、谷、洞、壑等。写意型，夸张山体的动势、山形的变异和山景的寓意，而不强调山的真实形状。透漏型，由许多穿眼嵌空的奇形怪石堆叠而成，可游、可行、可登攀。实用型，如庭院山石门、山石屏风、山石墙、山石楼梯。盆景型，布置大型山水盆景，让人领略咫尺千里的山水意境。山的具体形式有：园山、厅山、楼山、阁山、书房山、池山、内室山、峭壁山、山石池、金鱼缸、峰、峦、岩、洞、涧、曲水、瀑布等 17 种形式。现存的苏州拙政园、常熟的燕园、上海的豫园，都是明清时代园林造山的佳作。

山可将园林划分成不同的空间，形成不同的景区，并形成园林的制高点，鸟瞰全园景色；举目四望，园外美景，亦可尽收眼底。

园林中的山有真有假。皇家园林规模宏大，以真山居多。私家园林空间有限，以假山为主。假山又有土山与石山之分。土山，是挖池堆土而成，体量大，显得浑厚，利于花木生长，容易形成葱茏茂密的自然景观。叠石山，常用石料，有湖石和黄石两种。

叠山选石注重"瘦、透、漏、皱、丑"。瘦，象征山势峻峭；透，指孔道通透，四面玲珑，渗透出背后的景物；漏，指石上有穴，如山石风化的痕迹；皱，显出山的苍劲与古朴；丑，怪石丑到极处，便是美到极处。太湖石，凹凸不平，多孔洞，玲珑剔透，以苏州环秀山庄的湖石假山为代表。黄石假山雄浑、质朴。

2.理水。

水、动态、声响与光影为景观增添无穷魅力。辽阔的水面令人心胸坦荡，流动的水，活泼；停浦的水，平静、温柔；飞溅的水，潇洒；隐匿林间的泉水，神秘、幽静。"山得水而媚，水得山而活"，山水在园林中又相互依托、相互映衬，通过水的倒影、流动、渗透、聚散、蒸发等，做到动静相补、声色相衬、虚实相应、刚柔相济、层次丰富，可以少胜多、引入至寂静深远的意境。

古代园林的理水方法，一般有四种：

①折：水的形态丰富多彩——"突然而趋，忽然而折，天回云昏，顷刻不知其千里，细则为罗谷，旋则为虎眼，注则为天坤，立则为岳玉；矫而为龙，喷而为雾，吸而为风，怒而为霆，疾徐舒蹙，奔跃万状。"曲折潜行的水，若隐若现，显得更加幽深绵长。

②掩：用建筑和绿化掩映曲折的池岸。临水建筑，除主要厅堂前的平台，为突出建筑的地位，不论亭、廊、阁、榭，皆前部架空挑出水上，水似自其下流出，打破岸边单一僵硬的边际线；或在水岸交接处种植蒲苇等水陆生植物，杂木迷离、虚化岸边，给人池水无边的视觉印象。

③隔：或筑堤横断于水面，或隔水净廊可渡，或架曲折的石板小桥，或涉水点以步石，如计成在《园冶》中所说，"疏水若为无尽，断处通桥"，可增加景深和空间层次，使水面神秘幽深，意犹未尽。

④破：水面很小时，如曲溪绝涧、清泉小池，可用乱石为岸，怪石纵横、犬牙交错，配植细竹野藤、朱鱼翠藻，虽是一洼浅池，却有深邃的山野风致似的美感。

3.植物。

中国古代园林植物的"形与神"、"意与境"都重在表现自然美，以其特有的色彩、香味、形态、品质构成园林景观。利用植物季节生长特点，使园内四时之景不同，朝暮晴雨各异，月月花香，四季有绿。花木可衬托山石景观，抒发情怀。如竹子象征人品清逸和气节高尚，松柏象征坚强和长寿，莲花象征洁净无暇，兰花象征幽居隐士，玉兰、牡丹、桂花象征荣华富贵，石榴象征多子多孙，紫薇象征高官厚禄等。

中国古代园林植物配置的特点有：

①往往根据植物的生态习性和表现形态，赋予一种人格化的比拟。如将"梅花、竹子、兰花和菊花"喻为"四君子"。将"松、竹、梅"称为"岁寒三友"。以牡丹比喻富贵，紫薇比喻和睦等。

②重视植物的个体美，多孤植，且极少修剪。

③常集中种植某种植物。如西汉上林苑的扶荔宫，宋代洛阳的牡丹亭，明清园林的枇杷园、竹园、梨香院、芭蕉坞等。

④植物同园林的其他要素紧密结合配置，山石、水体、园路和建筑物等是固定不变的，而植物逐年随季节和早晚变化，花开花落，随风摇曳，形成景物的动静对比。

⑤特有的配置方式，如栽梅绕屋、堤弯宜柳、槐荫当庭、移竹当窗、悬

葛垂萝等。

4.动物。

中国古典园林重视饲养动物。宋徽宗所建艮岳，集天下珍禽异兽数以万计，经过训练的鸟兽，在徽宗驾到时，能乖巧地排立在仪仗队里。园中动物如白鹤、鸳鸯、金鱼、鸟蝉等可以观赏娱乐，丰富人的视觉与听觉，还可以隐喻情怀，借以扩大和涤化自然境界。许多现代园林依然保留这种人与动物密切接触的做法。

5.建筑。

园林建筑形式多样，有堂、厅、楼、台、阁、馆、轩、斋、榭、舫、亭、廊、桥、墙等，既可满足人们生活享受，又可满足观赏风景的愿望。中国自然式园林，其建筑一方面要可行、可观、可居、可游，另一方面可以点景、隔景，使园林步移景易、渐入佳境、小中见大。园林建筑造型与色彩追求自然、淡泊、恬静、含蓄。

6.匾额、楹联与石刻。

匾额、楹联与石刻，不仅能够抒怀铭志，陶冶情操，还能够起到点景的作用，为园中景点增加诗意、拓宽意境。

五、中国古代园林的常见构景手法

中国古代园林深邃含蓄、曲折多变，蕴涵在空间的组合与分隔之中。主要以山水、植物、建筑及小品等障景与隔景来分隔空间，增加景色的数量和品质，使园中有园，景中有景，岛中有岛，园景虚实变换，丰富多彩，引入入胜。

中国古代园林的造园常采用小中见大、步移景易、渐入佳境的处理手法，以追求自然、淡泊、恬静、含蓄的艺术效果。通常有以下几种构景手法::

1.组景：中国古典园林常分区设景，园中有园，景中有景，步移景易，立体交融。组景讲究由"起景、入胜、造极、余韵"等组成的空间序列。注重层次、抑扬、因借、虚实等的安排。基本的组景手法有：借景、对景、漏景、障景、限景、夹景、分景、接景、返景、点景等。赏景以近距离观赏为主，全景式的远观为辅。

2.隔景：用以分割园林空间或景区的景物=隔景的材料有：各种形式的围墙、建筑、植物、假山、堤岛、水面等。隔景的方式有：实隔、虚隔和虚实相隔。

中国古代园林用种种办法来分隔空间，其中主要是用建筑来围蔽和分隔空间。分隔空间力求从视觉上突破园林实体的有限空间的局限性，使之融于自然，表现自然。须处理好形与神、景与情、意与境、虚与实、动与静、因与借、真与假、有限与无限、有法与无法等关系，将园内空间与周围自然空间融合渗透。如漏窗的运用，使被分隔开的空间相互联系、视觉通透、隔而不绝，在空间上互相渗透。漏窗的花饰，玲珑剔透，图案丰富多彩，有浓厚的民族风格和美学价值；透过漏窗，可见近处的竹树迷离摇曳，亭台楼阁时隐时现，远处蓝天白云，造成幽深宽广的空间境界和意趣。

①实隔：常以建筑、影壁、围墙、山石、密林等分隔空间，完全隔断观赏视线。

②虚隔：常以水面、疏林、廊桥、花架等分隔空间，部分隔断观赏视线，使不同空间的景物可以互相渗透衬托。

3.虚实相隔：常以堤、岛、桥相隔或以开漏窗的实墙等分隔空间，使观赏视线时断时续、虚实相间。

3.障景：园林入口处或重要景点前，常利用屏障物遮挡视线，屏障物本身自成一景，成为景观序幕，增加园林空间层次，将园中佳景"先藏后露"，达到柳暗花明、豁然开朗的艺术效果。障景常用的屏障物有：山石、院落、回廊、影壁、树丛、树群或多种结合。

4.抑景：中国传统艺术历来讲究含蓄，"欲扬先抑"，"欲明先暗"，最好的景色往往布置在空间序列的后部。

5.添景：布景要有远景、中景、近景；如果只有远景，没有中景、近景，景观显得空旷，而没有层次感；须添加中景、近景，互相衬托、互相补充，使人的视线由远及近，有丰富的观赏感受。

6.夹景：如果远景的两侧空旷，无遮挡衬托，视域宽广，那么视线水平方向的左右两端就会显得单调乏味，可在远景两侧利用建筑或树木花丛收紧视域范围，强调衬托夹在中间的景物，并使视域的左右更富于变化与细节，产生耐人寻味的效果。

7.对景：园林中，门窗、路、桥、廊等人流多、视线聚集的位置常布置景点，引发观赏者的兴趣，使之继续前行或驻足观望。

8.框景：建筑的门、窗、洞或乔木树枝等常作取景框，将室外生动真实的景观纳入室内。

9.漏景：园林的围墙或走廊的墙上，常设漏窗，形式有方形、横长形、圆形、六角形等，其花纹图案灵活多样，主要有几何形和自然形两种。漏窗的花格间隙可以隐约渗透到外面的景色，使之虚化，别有风情。

第四节 日本园林

日本园林更加抽象和写意，一般面积不大，常采用象征、写意等具象手法，其建筑、山石、花木等细腻精致，风格洗练、朴素而清幽。常分为三大类：筑山式、枯山水、茶庭。

筑山式庭园：常用"缩景"的手法，堆砌沙土代表山，再搭配象征河、湖的流水及池塘。配以寝殿式建筑，即成为池泉回廊式庭园。

枯山水庭园：源于日本缩微式写意园林，多见于小巧、静谧、深邃的禅宗寺院。以沙和岩石展现干燥感觉，其形态更为纯净，意境空灵，以小白石象征流水或海洋，配以大石块象征陆地、山峦与岛屿，偶尔使用常绿树、苔藓，几乎不使用开花植物，这种"无水之处可见水"的枯山水，表达许多禅宗理念，使人顿悟。但枯山水往往居于一隅，空间局促，略显冷落、寡无情趣。

茶庭式庭园：简单、朴实无华，与茶室相邻的庭园。通常在禅寺中之茶室，皆在茶庭式庭园中。茶庭可以分为禅院茶庭、书院茶庭、草庵式茶庭（通常称露路、露地）三种，其中草庵式茶庭最具特色，其四周有围篱，以石块、石板混合铺成路，两侧用植被或白沙铺地，栽植树木，配置岩石，沿路设等待室、厕所、灯笼、洗手钵、步石等。书院式茶庭，一般规模较大，各茶室间用"回游道路"和"露路"连通，如修学院离宫、桂离宫等。

植物形态多采用自然式，也有整形式。树种多选用常绿树，松树常被修剪成一定形状，形成日本独特的植物风格，尤其重视配置秋色树种，如枫林等。树丛配置，多采用三对一、二对一、五对一等方式，使整个树丛的每株树木从任何角度都能被观赏到。屋旁常种大叶的棕榈植物，满园的蕉叶随风摇曳，田园意境油然而生。瀑布前常配植乔木或灌木，半遮半露，忽隐忽现，增加其幽深感和神秘感。地面常铺细草、小竹、蔓类、羊齿类、苔藓类等植物。

第二十二章 人体工程学、环境心理学与景观设计

第一节 人体工程学与景观设计

一、景观设计涉及的人体基础数据

人体构造：如人体关节的位置、脊柱的自然弯曲、臀部的自然曲线等构造，是设计与人体密切接触的景观设施的重要依据。

人体静态尺度：是人体处于不同标准状态下不同部位的静态尺度，它直接影响与人体关系密切的景观设施的尺寸，如桌椅、栏杆、踏步等尺寸。常用的人体静态尺寸有：身高、视高、坐高、臀部至膝盖长度、臀部的宽度、膝盖高度、膝弯高度、大腿厚度、臀部至膝弯长度、肘间宽度。人体静态尺寸，受很多因素影响，存在许多差异，如：个人差异、群体差异、种族差异、世代差异、年龄差异、性别差异、正常人与残障人的差异等，针对不同人，需要具体了解各种差异，合理选择使用不同人体静态尺寸。

人体动作域：指人体动态尺寸，是人各种活动范围的大小，与活动情景状态有关，并直接影响空间范围尺寸、位置高低等，是人体工程学研究的基础数据。

景观设计中尺度的选用,应考虑在不同空间与状态下多数人的适宜尺寸,强调人们动作和活动的安全性和舒适性要求。如：门和廊架的净高、栏杆扶手高度等，应取男性人体高度的上限，并适当考虑增加入体动态时的余量；

而踏步、座椅的高度等，则应按女性人体的平均高度设计。

二、人的感知特征

人们在景观空间中受到视觉、听觉、触觉、嗅觉等多种感知叠加，刺激强度加大，会形成深刻的印象，并激发出某种联想与情感；但长时间的过度刺激会使反应迟钝，出现感知疲劳。

1.视觉：景观空间中人们获得的信息有 80%来自视觉。视觉效果主要决定于视距、视角和照明等因素。设计中须考虑视觉残像、明暗适应和视错觉等现象。

①视距、视错觉：人们动态游览时，视点是活动的，视野不断变化。对同一景物，观赏视距与景物高度的比例，俯视、仰视、平视等不同的视角观赏，会产生不同效果；调整各游赏段落视距、转换视角，可丰富游人对景观的体验。也可利用视错觉（包括透视错觉和遮挡错觉等），缩短或延长距离，给人造成强烈的期待感。

立体感：视距越大则人们对距离的变化越迟钝，如在距离 30 米处观察位置变化，只有当变化大于 0.65 米时才能感觉到；变化小于 0.65 米，则感觉不出其变化，景物的立体感大受影响。

②视角：最舒适的视角是不必转动眼睛的：水平视角 30 度，俯角则为15 度；需要转动眼睛的舒适视角：水平视角为 60 度，俯角为 30 度；超过此范围则会引起不舒适感。

③视线特性：景区的视线和路线一样，有其独特类型。中国古典园林，讲求步移景易的无限流动空间和动态的无灭点的透视；日本枯山水庭园，则倾向于静态的、低视点的，在水平视线上组织景观；西方古典园林，则追求强烈的透视感、连续贯穿的视景通廊。游览视线，可以使注意力散漫，也可以使注意力集中；可远观，或近赏；远观，又有平远、深远、高远等不同……路线网络应引导组织观赏视线与基地的景物契合。

④视线预览：在路线设计的基础上，叠加视线设计，在拟定路线上做视线预览，可动态研究"景观"与"观景"间的协调统一。并可追随路线网络，

深入研究连续的游览过程中沿线景观的综合效果，深人研究整体游览过程的视觉体验。

听觉：针对听觉设计音响，主要包括：利用令人身心放松的鸟语和水声等；背黯乐的悦丝调'响度、声强；控制噪音等。

触觉：人通过皮肤可以感受疼痛、压力、温度、弹性和硬度等，在空间近人的位置处宜选用合适的质感材料，以丰富人的触觉感受。

嗅觉：针对嗅觉可以选用不同花期、不同花香的植物，使景观空间内芳香四溢，并控制空气污染。

三、人体工程学在景观设计中的应用

1.根据人体尺度、动作域、心理空间以及人际交往的空间等，确定空间范围。

2.根据人体构造、尺度确定景观设施的形体、尺度及其使用范围。空间越小，停留时间越长，要求越高。

3.提供适应人体的物理环境：热环境、声环境、光环境、辐射环境、电磁环境等。

4.人眼的视力、视野、光觉、色觉等视觉的要素，为光照设计、色彩设计、视觉最佳区域等提供科学依据。

四、人体工程学与景观家具

1.桌台类。

设计中，站立使用的桌台类高度设计，以人的立位基准点为准；坐着使用的桌台、座椅等以座位（坐骨结节点）基准点为准，高度常在390~420毫米之间，高度小于380毫米，人的膝盖会拱起，会感觉不适，且站立困难；高度大于人体下肢长度500毫米时，体重分散至大腿部分，大腿后部受压，易引起下腿肿胀麻木。另外，坐面的宽度、深度、倾斜度、背弯曲度都充分考虑人体尺度及各部位的活动规律。桌台的高度及容腿空间、坐垫的弹性等方面也需要从人的生理构造与尺度出发。

桌台高度：取决于人使用时身体姿势等重要因素。不正确的桌台高度会影响人的姿势，引起身体的不适，降低使用效率。为有效提高使用速度和精确度，考虑"疲劳"和"单调"等人性因素，最佳的桌台面高度应根据使用效率和使用者的生理情况两方面因素确定。

①桌台面高度应由人体肘部高度来确定，该高度设定根据具体使用者的尺寸而定。

②桌台面的最佳高度略低于人的肘部，一般在人的肘下 50 毫米。

③桌台面的高度应按主要使用姿势设计：站立使用，或坐姿使用，或交替使用。

2.座椅类。

不正确的坐姿和不适的座椅都会影响人体健康，座椅设计应满足以下要求：

①减轻腿部肌肉负担。

②防止不自然的躯体姿势。

③降低人体能耗。

④减轻血液循环的负担。

座椅的尺寸设计：人与人的尺寸、比例互不相同，座椅的尺寸设计应根据不同的用途采用不同的取值。

椅子设计常用尺度：

①需适合两种姿势：直立坐姿和放松坐姿。

②椅座前缘距地面 390~420 毫米，距桌面 290 毫米。

③从座椅前端到桌面的垂直高度最好为 230~305 毫米。

④坐面前后的深度尺寸为 406~478 毫米。

⑤椅子的宽度为 406~560 毫米。

⑥坐曲弓水平面的夹角为 0~15 度,,

⑦靠背与水平面的夹角可为 90~105 度

⑧腰部支撑的中心高于坐面 240 毫米

⑨椅背高为 635 毫米，能支撑肩膀；为 915 毫米，可以支撑头部。

⑩扶手间距 483 毫米，扶手宽 51~89 毫米。

五、人体工程学与建筑构配件

1.安全。

楼梯：梯段净宽一般按每股人流宽为 0.55+（0～0.15）米确定，一般不少于两股人流。0—0.15 米为人流在行进中人体的摆幅，公共场所人流众多的场所应取上限值。

梯段改变方向时，平台扶手处的最小宽度不应小 T 梯段净宽,,玛有搬运大锄物件需要时应再适量加宽。每个梯段的踏步一般不应超过 18 级，亦不应少于 3 级。楼梯平台上部及下部过道处的净高不应小于 2 米,,梯段净高不应小于 2.20 米。

楼梯应至少于一侧设扶手，梯段净宽达二股人流时应两侧设扶手，达四股人流时应加设中间扶手踏步前缘部分宜有防滑措施。有儿童经常使用的楼梯的梯井净宽大于 0.20 米时，必须采取安全措施，

2.室外台阶：踏步宽度不宜小于 0.30 米，踏步高度不宜大于 0.15 米，踏步数不应少于两级。人流密集场所台阶高度超过 1 米时，宜有护栏设施。

3.室外坡道：坡道应用防滑地面。坡度不宜大于 1:10;供轮椅使用时.坡度不应大于 1：12,坡道两侧应设高度为 0.65 米的扶手。

4.栏杆：出于安全考虑，栏杆高度不应小于 1.05 米，栏杆离地面或展面 0.10 米高度内不应留空；有儿童活动的场所，栏杆位采用不舄攀登的构造。

卫生间：应符合下列规定：

①第一具洗脸盆或盥洗槽水嘴中心与侧墙面净距不应小于 0.55 米

②并列洗脸盆或盥洗槽水嘴中心距不应小于 0.70 米,>

③单侧并列洗脸盆或盥洗槽外沿至对面墙的净距不应小于 1.25 米。

④双侧并列洗脸盆或盥洗槽外沿之间的净距不应小于 1.80 米,,

⑤浴盆长边至对面墙面的净距不应小于 0.65 米。

⑥并列小便器的中心距离不应小于 0.65 米。

⑦单侧隔间至对面墙面的净距及双侧隔间之间的净距：当采用内开门时不应小于 1.10 米，当采用外开门时不应小于 1.30 米。

⑧单侧厕所隔间至对面小便器或小便槽的外沿之净距：当采用内开门时不应小于 1.10 米，当采用外开门时不应小于 1.30 米。

儿童活动场：宜有集中绿化用地面积，并严禁种植有毒、带刺的植物。

第二节 环境心理学与景观设计

一、人的环境心理与行为

人的环境心理与行为存在个体间的差异与总体的共性。其共性一般指，人们在心理上都有安全、归属、友爱、尊重和自我实现等方面的基本需求，在景观设计中，应为人们提供满足这些基本需求的自然环境、休闲、领域、交往和自我实现的空间。这些空间存在以下主要特点：

1.人际距离与领域性。

领域性：人们在环境中的各种活动，不希望被干扰或妨碍，需要必需的生理和心理空间范围与领域。环境中的个人空间，常需根据人际交流、接触时所需的距离考虑。人际距离因不同的对象和场合而异，一般可划分为六种：

①密切距离：亲昵距离，0~0.5 米，如情侣间的距离，双方有嗅觉和热辐射的感觉。

②个人距离：0.5~1.2 米，如朋友间的距离，双方可接触握手。

③社会距离：1.2~2 米，如普通同事间的距离。

④公众距离：4.5~12 米，如陌生人间的距离。

⑤视觉距离：2~20 米，视距的有效性最高，可认清人物身份。

⑥感觉距离：明视距在 30 米内，能看清楚人的细微动作和表情，可辨别人体的姿态，这是因联想而产生的效果。

人眼的最大视距：可看到人的最大视距。

人们通常并未意识到，但在行为上却习惯于这些距离。不同民族、宗教信仰、性别、职业和文化程度的人际距离会有所不同。景观环境应充分保护"个人空间"及"人际距离"不受侵犯，否则会引起彼此间的互相反感。

私密性、安全感与尽端趋向。

私密性涉及空间内视线、声音等方面的隔绝。私密性在静态空间中要求更为突出。

空间尽端，没有人流频繁通过，相对地较少受干扰，人们总愿意选择于此停留，形成尽端趋向。从心理感受来说，空间并不是越开阔、越宽广越好，人们通常在大空间中不愿停留在空旷暴露的中心处，并适当地与人流通道保持距离，而更愿停留在有安全感和有依托的地方，如柱边、墙边等。

3.密度与从众。

一些公共场所内，人们总喜欢汇聚到人多的地方，以满足人看人的好奇心理。一定人群密度，让人感觉亲切、融洽、易于交往；但过于密集却感觉拥挤，令人不快。

4.趋光心理。

人们在空间中有从暗处向亮处流动的趋向，喜欢停留在亮的地方，而不呆在黑暗处。

5.空间形状的心理感受。

空间的不同形状特征常会使在其中活动的人产生不同的心理感受：如方形空间有稳定感，三角锥形空间有向上的动感，圆形空间有向心力，而自由曲线形空间有变幻莫测的感受。

二、环境心理学在景观设计中的应用

1.景观设计应符合人们的行为模式和心理特征。

如娱乐性环境里人们轻松随意，愉快兴奋；纪念性环境中，人们庄重严肃。颜色可使人产生冷暖、大小、轻重的感觉，空间安排可使人产生开阔或拥挤的感觉，设施安排应符合人际距离，不同的空间距离引起不同的交往和友谊模式。高层公寓和四合院的不同布局产生不同的人际关系，已引起人们注意。通常距离近的人交往频率高，容易建立友谊。

2.考虑使用者的个性与环境的相互关系。

充分考虑不同年龄、性别、民族、背景等的使用者的行为与个性要求，在塑造环境时予以尊重，也可以适当地利用环境对人的行为进行"引导"与影响。

参考文献

1.陈志华，外国建筑史（19 世纪末以前），北京：中国建筑工业出版社，1981

2.许德嘉，古典园林植物景观配置，北京：中国环境科学出版社，1997

3.周武忠，园林植物配置，北京：中国农业出版社，1999

4.胡长龙，城市园林绿化设计，上海：上海科学技术出版社，2003

5.金岚，环境生态学，北京：高等教育出版社，1992

6.田中，朱旭东，罗敏，立体花坛的主要类型及其在城市绿化中的作用，南方农业，2009

7.俞玖，园林苗圃学，北京：中国林业出版社，2001

8.吴少华，园林花卉苗木繁育技术，北京：科学技术文献出版社，2001

9.龚雪，园林苗圃雪，北京：中国建筑工业出版社，1995

10.周余华，杨士虎，种苗工程，北京：中国农业出版社，2009

11.吴丁丁，园林植物栽培与养护，北京：中国农业大学出版社，2007

12.周一星、陈彦光，城市与城市地理，人民教育出版社

13.金铁山，苗木培育技术，哈尔滨：黑龙江人民出版社，1985

14.郭学望，包满珠，园林树木栽植养护学，北京：中国林业出版社，2002

15.魏岩，园林植物栽培与养护，北京：中国科学出版社，2003

16.鞠志新，园林苗圃，北京：化学工业出版社，2009